建筑给排水工程清单计价

U0732888

学习情境1
建筑给排水工程清单计价

任务1.1 建筑给排水工程图纸识读及列项

建筑给排水施工图识读顺序及识读方法

工艺及定额的组成、内容

分部分项工程项目划分原则及方法

任务1.2 卫生器具计量与清单

卫生器具计量规则及注意事项

卫生器具工程量清单项目设置

BIM安装计量软件卫生器具建模

任务1.3 给排水管道及附件计量与清单

给排水管道、阀门、支架等计量规则及计算方法

管道及附件计量，相应工程量清单设置

BIM安装计量软件建立模型

任务1.4 土石方工程计量与清单

土石方的参数，计算方法及公式

土石方工程计量，正确界定所属范畴

土石方工程量清单项目设置

任务1.5 综合单价构成及组价

工程计价相关概念

综合单价构成及组价方法

准确运用工程量清单计价规范

任务1.6 分部分项工程及其他项目清单计价

分部分项工程及其他项目相关概念

清单计价基本原理

分部分项工程费用计算及计费标准、程序

树立法律意识，有法可依，有法必依。
培养诚实守信的职业道德，认真严谨的工作态度。
提升安全、环保、争先创优意识，体会国家"以人为本"的生产理念。

任务 1.1　建筑给排水工程图纸识读及列项

■ 学习目标

1. 掌握建筑给排水施工图识读顺序及识读方法。
2. 熟悉工艺及定额的组成、内容。
3. 掌握分部分项工程项目划分原则及方法。
4. 提升 X 技能：建筑工程识图能力。

■ 素质目标

1. 树立法律意识，认识到"有法可依，有法必依"。
2. 遵守规则，按矩办事，规范操作。

■ 学习要点

1. 识读建筑给排水工程图纸的前提是要清楚建筑给排水工程的系统原理。
2. 训练直观项+隐含项的列项思维。
3. 提升 X 技能，达到建筑工程识图能力要求。

[训前导学]

微课
给排水工程识图

1.1.1　建筑给排水工程施工图纸识读

建筑给排水施工图通常由图纸目录、设计总说明、主要设备材料表、平面图、系统图（轴测图）、施工详图等组成。

1. 图纸目录

图纸目录以表格形式呈现，主要表明每张图纸的名称、内容、图纸编号等，说明该工程图纸涉及哪几个专业及由哪些图纸所组成，目的是便于检索和查找。

2. 设计总说明

当在设计图样上无法清楚地表达建筑给排水各系统，如管道材质，管道系统防腐、防冻、保温等规定要求的施工工艺及操作方法时，可以在设计总说明中体现出来；难以表达的诸如管道连接，验收要求，施工中必须遵守的技术规程、规定等，可在设计总说明中用文字表达。

设计总说明中还要附有图例，均应按照最新版《给水排水制图标准》，使用统一的图例表示。

3. 主要设备材料表

主要设备材料表在设计总说明中以明细清单形式呈现，表中主要列明材料类别、规格、数量，设备品种、规格和主要尺寸等。

职业教育国家在线精品课程配套教材

高等职业教育土木建筑类专业群
"建业筑新 匠心育才"系列教材

安装工程
计量与计价

主　编　石　焱

副主编　孙　宇　苏德权

　　　　沈　义　田　刚

主　审　吕　君

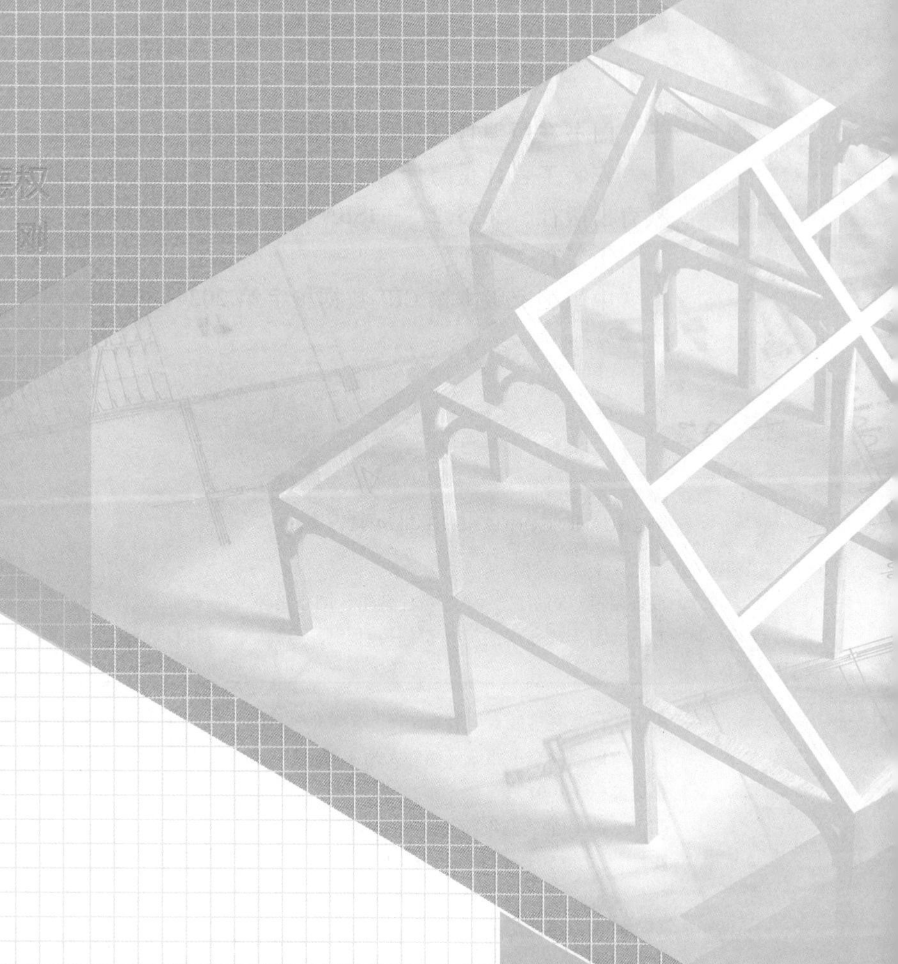

中国教育出版传媒集团

高等教育出版社·北京

内容提要

　　本书立足于高等职业教育建筑设备工程技术、供热通风与空调工程技术等专业预算实训教学的需要，按照工程造价行业岗位的真实工作步骤编排内容；将理论知识与活页工单相结合，增加以工作过程为主线的活页工单内容，每一个任务工单，都对应实际工作过程中的典型工作任务。本书数字化资源丰富，配有相关微课视频、动画、虚拟仿真、CAD 图纸、文档等资源，读者可以在学习中扫描二维码观看。

　　本书通俗易懂，适合线上线下混合教学使用，既可作为高等职业院校建筑设备类、建设工程管理类等专业的教学用书，也可作为建筑安装工程设计、施工、运维、管理等工程技术人员岗位培训和自学参考用书。用书教师如需要本书配套的教学课件等资源，请登录"高等教育出版社产品信息检索系统"（https://xuanshu.hep.com.cn/）免费下载。

图书在版编目（CIP）数据

　　安装工程计量与计价 / 石焱主编. -- 北京 ： 高等教育出版社，2025.2. -- ISBN 978-7-04-063190-6

　　Ⅰ. TU723.3

　　中国国家版本馆 CIP 数据核字第 2024L860S9 号

ANZHUANG GONGCHENG JILIANG YU JIJIA

| 策划编辑 | 刘东良 | 责任编辑 | 刘东良 | 封面设计 | 赵　阳　王　洋 | 版式设计 | 杨　树 |
| 责任绘图 | 黄云燕 | 责任校对 | 张　薇 | 责任印制 | 高　峰 | | |

出版发行	高等教育出版社	咨询电话	400-810-0598
社　　址	北京市西城区德外大街 4 号	网　　址	http://www.hep.edu.cn
邮政编码	100120		http://www.hep.com.cn
印　　刷	固安县铭成印刷有限公司	网上订购	http://www.hepmall.com.cn
开　　本	850 mm×1168 mm 1/16		http://www.hepmall.com
印　　张	13		http://www.hepmall.cn
字　　数	300 千字	版　　次	2025 年 2 月第 1 版
插　　页	3	印　　次	2025 年 2 月第 1 次印刷
购书热线	010-58581118	定　　价	39.80 元

前　言

　　本书是以现行国家及企业标准为依据，依照建筑设备工程技术与供热通风与空调工程技术专业教学标准及人才培养要求而编写的活页式教材。

　　本书满足国家职业技能标准的基本要求，体现了专业教学标准中的培养目标、培养规格、专业核心课程主要教学内容和校内实训基地基本要求。对接"1+X"职业技能等级标准中的知识和技能要求，注重技术技能、职业素质培养；同时贯彻党的二十大精神，将思想政治教育全方位融入专业课程教育教学中，引导树立正确的世界观、人生观和价值观，以及自我管理、与他人合作、遵守道德准则和行为规范；培养认真严谨的工作态度、精益求精的工匠精神；具备独立思考、缜密推理、信息素养、终身学习的意识和能力；从多维度、多方位打造具有工程实践能力、创新能力、国际竞争力的工程造价行业高技能人才。

　　本书依托建筑给排水、室内供暖、通风空调工程的真实项目，分解典型工作任务，以工作过程为主线展开，是职业教育国家在线精品课程"建筑水电工程预算"的配套教材。全书设置了三个学习情境、十六个任务，每个学习情境均包含工程图纸识读及列项任务活页、工程计量与清单设置任务活页、工程计价任务活页等，基本涵盖了工程计价所需要的基本技能和方法，力求实现任务设置的实用性和可操作性。

　　本书由黑龙江建筑职业技术学院石焱编写学习情境2、学习情境3；黑龙江建筑职业技术学院孙宇编写任务1.1、任务1.3；黑龙江建筑职业技术学院苏德权编写任务1.2、任务1.4；黑龙江建筑职业技术学院沈义编写任务1.5；黑龙江工程学院田刚编写任务1.6；哈尔滨物业供热集团有限责任公司公有房产经营管理中心刘健编写任务3.4的案例；黑龙江建筑职业技术学院吕君担任主审，石焱担任主编。

　　由于编者水平有限，加之时间较仓促，书中难免会有不妥或疏漏之处，敬请读者指正。

编　者

2024 年 8 月

目 录

4. 平面图

平面图的识别方法如下：

（1）查明卫生器具、用水设备（开水炉、水加热器等）的类型、数量、安装位置、定位尺寸。平面图上的卫生器具和设备是示意图，只能说明器具和设备的类型，而不能具体表示各部分的尺寸及构造，因此在识图时需要结合有关详图或技术资料，搞清楚这些器具和设备的构造、接管方式和尺寸。

（2）弄清给水引入管及污水排出管的平面位置、定位尺寸，以及与室外给排水管网的连接形式、管径等。

（3）给水引入管道上一般都装有阀门，阀门若设在室外阀门井内，在平面图上就能完整地表示出来。这时，可查明阀门的型号及与建筑物的距离。

（4）查明给排水干管、立管、支管的平面位置与走向、管径尺寸及立管编号。从平面图上可查明是明装还是暗装，以确定施工方法。

（5）在给水管道上设置水表时，需要查明水表的型号、安装位置，以及水表前、后阀门的设置情况。

（6）明确清通设备的布置情况，以及清扫口和检查口的型号和位置。

（7）对于雨水管道，需要查明雨水斗的型号及布置情况，并结合详图确认雨水斗与天沟的连接方式。

5. 系统图

系统图的识别方法如下：

（1）查明给水管道系统的具体走向，干管的布置方式、管径尺寸及其变化情况，阀门的设置，引入管、干管及各支管的标高。识图时按引入管、干管、立管、支管及用水设备的顺序进行。

（2）查明排水管道的具体走向、管路分支情况、管径尺寸、横管坡度、管道各部分标高、存水弯的形式、清通设备的设置情况、弯头及三通的选用等。识读排水管道系统图时，一般按卫生器具或排水设备的存水弯、卫生器具排水管、排水横支管、排水立管、排水出户管的顺序进行。

（3）在识图时应随时根据有关规程和习惯做法将所需支架的数量及规格确定下来，在图上作出标记并做好统计。明装给水管道通常采用管卡、钩钉固定；铸铁排水立管通常用铸铁立管卡子固定在承口下面，排水横管上则采用吊卡，一般为每根管一个，间隔最大不超过 2 m。

（4）系统图上对各楼层标高都有注明，识读时可据此分清管路属于哪一层。

6. 施工详图

室内给排水工程的施工详图包括节点图、大样图、标准图，主要是管道节点、卫生器具、排水设备、水表、水加热器、开水炉、套管、管道支架等的安装图。

这些图都是根据实物用正投影法画出来的，图上都有详细尺寸，可供安装时直接使用。

1.1.2　建设项目及其组成

1. 建设项目的含义

通常将基本建设项目简称为建设项目。它是指按照一个总体设计进行施工的，可以形成生产能力或使用价值的一个或几个单项工程的总体，一般在行政上实行统一管理，在经济上实行统一核算。按照一个总体设计和总投资文件在一个场地或者几个场地上进行建设的工程，也属于一个建设项目。在民用建设中，以一个事业单位为例，如一所学校、一所医院就是一个建设项目。

2. 建设项目的组成

一般将建设工程项目划分成单项工程、单位工程、分部工程和分项工程。

（1）单项工程

单项工程也称工程项目，是指具有独立的设计文件，竣工后可以独立发挥使用功能和效益的建设工程。单项工程是建设工程项目的组成部分，一个建设工程项目可以只包括一个单项工程，也可以包括多个单项工程。

（2）单位工程

单位工程是单项工程的组成部分，是指具有单独的设计文件和独立的施工图，并有独立的施工条件的建设工程，是工程投资、设计、施工管理、验收和造价计算的基本对象。

（3）分部工程

分部工程是单位工程的组成要素，一般参照各专业预算定额即可划分清楚。

（4）分项工程

分项工程是指在一个分部工程中，按不同的施工方法、不同的材料和规格，对分部工程进行进一步的划分，用较为简单的施工过程就能完成，以适当的计量单位就可以计算其工程量的基本单元。分项工程是分部工程的组成部分，如砌筑工程可划分为砖基础、内墙、外墙、空斗墙、空心砖墙、砖柱、钢筋砖过梁等分项工程。

某建设项目组成划分如图1.1.1所示。

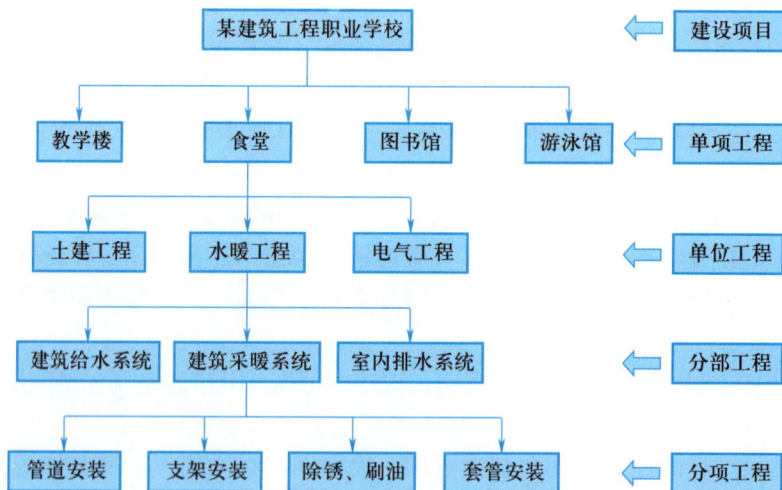

图1.1.1　某建设项目组成划分

1.1.3　建筑给排水施工工艺

1. 室内给水管道敷设工艺流程

安装准备→预留孔洞→预制加工→引入管安装→干管安装→立管安装→支管安装→

微课
给排水管道安装
工艺流程

动画
给水系统安装
流程

管道试压、消毒冲洗→管道防腐和保温。

2. 室内排水管道敷设工艺流程

安装准备→预留孔洞→预制加工→排出管安装→排水立管安装→通气管安装→排水横支管安装→管道灌水、通球试验→封堵洞口→通水试验。

若管材为铸铁排水管，则需在安装准备后，先对管材进行集中除锈、刷油，再进行后续流程。

1.1.4　《通用安装工程消耗量定额》说明

在编制室内给排水、采暖、燃气工程预算时，其工程量的计算应按《全国统一安装工程工程量计算规则》和《全国统一安装工程预算定额》中的第八册《给排水、采暖、燃气工程》的有关规定执行。使用地方估价表或定额时，所用定额册数或定额项目应按地方编制的说明、适用范围和使用要求执行。下面以2019版黑龙江省建设工程计价依据《通用安装工程消耗量定额》为例，了解地方定额的主要项目设置。

1. 定额框架及项目设置

2019版黑龙江省建设工程计价依据《通用安装工程消耗量定额》，适用于黑龙江省行政区域内工业与民用建筑的新建、扩建通用安装工程，是黑龙江省完成规定计量单位分部分项工程所需的人工、材料、施工机械台班的消耗量标准。

该定额既适用于工料单价法（施工图预算）计价方式，又适用于综合单价法（工程量清单计价）计价方式，是全过程造价管理各阶段工程造价的指导性计价标准，又是编制招标控制价（标底）的依据，为投标报价、确定中标价、约定合同造价、进行工程结算服务。

2019版黑龙江省建设工程计价依据《通用安装工程消耗量定额》共分为十二册，包括：

第一册　机械设备安装工程
第二册　热力设备安装工程
第三册　静置设备与工艺金属结构制作安装工程
第四册　电气设备安装工程
第五册　建筑智能化工程
第六册　自动化控制仪表安装工程
第七册　通风空调工程
第八册　工业管道工程
第九册　消防工程
第十册　给排水、采暖、燃气工程
第十一册　通信设备及线路工程
第十二册　刷油、防腐蚀、绝热工程

2. 其他相关说明

以黑龙江省为例，若涉及土方工程、构筑物工程，执行相配套的2019版黑龙江省建设工程计价依据《建筑与装饰工程消耗量定额》的相应项目；属于市政工程范畴的执行2019版黑龙江省建设工程计价依据《市政工程消耗量定额》的相应项目。

动画
排水系统安装流程

微课
《通用安装工程消耗量定额》说明

［训中探析］

1.1.5　案例分析

案例1：完成某节能住宅建筑给水工程图纸识读

1. 项目描述

该项目为黑龙江省某农村节能住宅 B2-给水工程。本例所用的施工图样为一层给水平面图（图 1.1.2）、二层给水平面图（图 1.1.3）、生活给水系统图（图 1.1.4）。

（1）给水系统

① 水源由市政管网供给。

② 水表采用自来水公司认可的产品，表前设铜球阀。

（2）管材、阀门和附件

① 生活给水管应符合卫生防疫部门的饮用卫生标准。住宅内的给水管采用 PP-R 管材，热熔连接。

② 生活给水管道的阀门采用全铜质截止阀，工作压力为 1.6 MPa。

（3）管道系统安装

① 穿过楼板时设钢制套管，其顶部应高出地面 20 mm（卫生间及厨房为 50 mm），底部应与楼板相平。

② 给水横管应设置坡度为 0.002~0.005 的坡向放水装置。

（4）管道试压

管道的水压试验方法：系统试验压力均为工作压力的 1.5 倍，但不得小于 0.9 MPa。检验方法：塑料管应在试验压力下稳压 1 h，压力降不得超过 0.05 MPa。然后在工作压力的 1.15 倍状态下稳压 2 h，压力降不得超过 0.03 MPa。金属管应在试验压力下 10 min 内压力降不大于 0.02 MPa，且不渗不漏为合格。

2. 建筑给水工程图纸识读

任务布置：根据图 1.1.2~图 1.1.4，从安装造价岗位需求的角度出发，结合某节能住宅建筑给水工程施工图纸识读方法及列项思维进行识读，并填写任务表。

问题思考：（1）作为安装造价员，识图时应从哪个图开始识读？

　　　　　　（2）从设计总说明、平面图、系统图中分别可以读取哪些信息？

成果展示：建筑给水工程图纸识读任务表见表 1.1.1。

某农村节能住宅
B2-给水工程

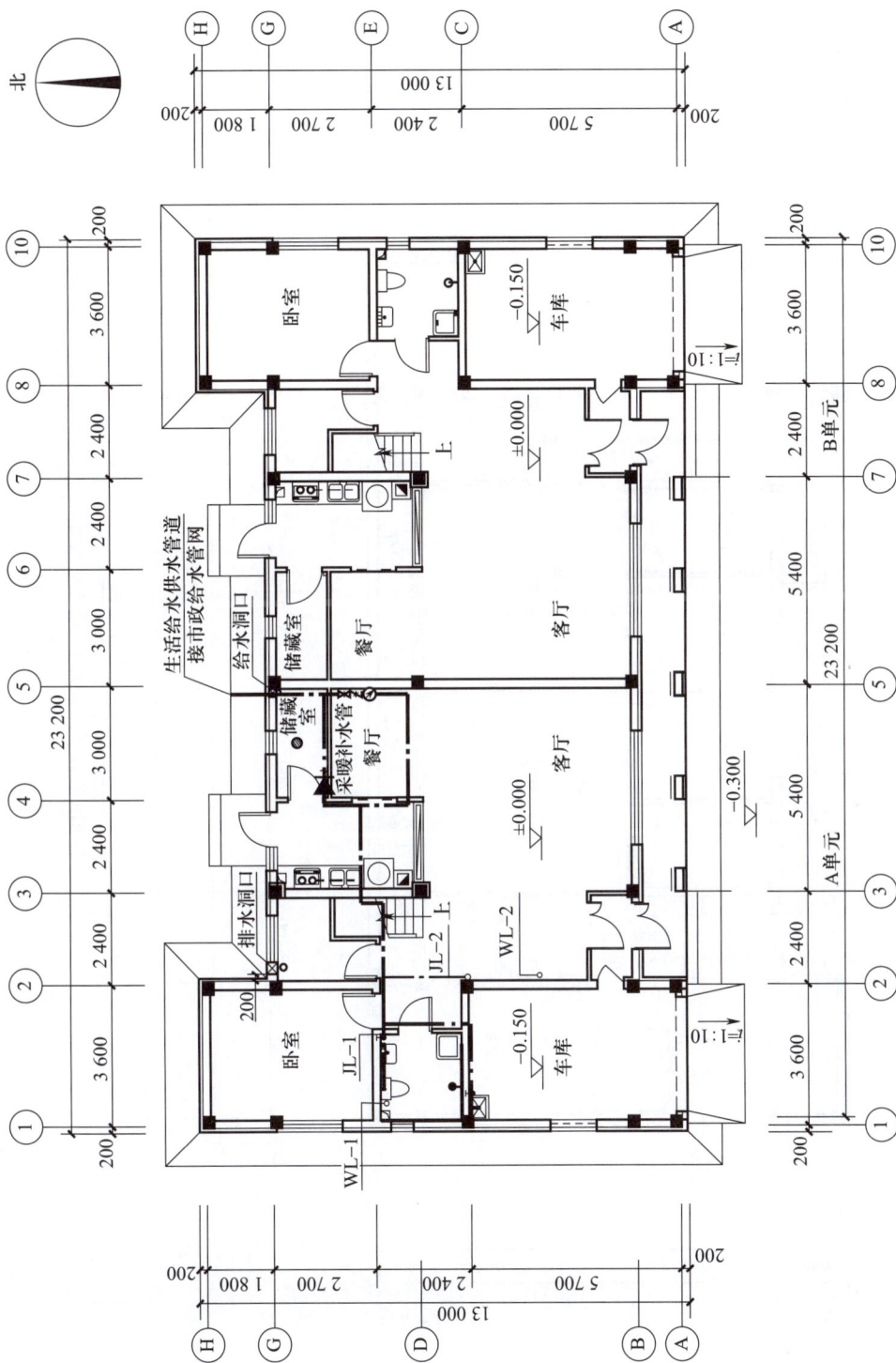

一层给水平面图 1:100

5至10轴平面图与1至5轴平面图对称相同

图 1.1.2　一层给水平面图

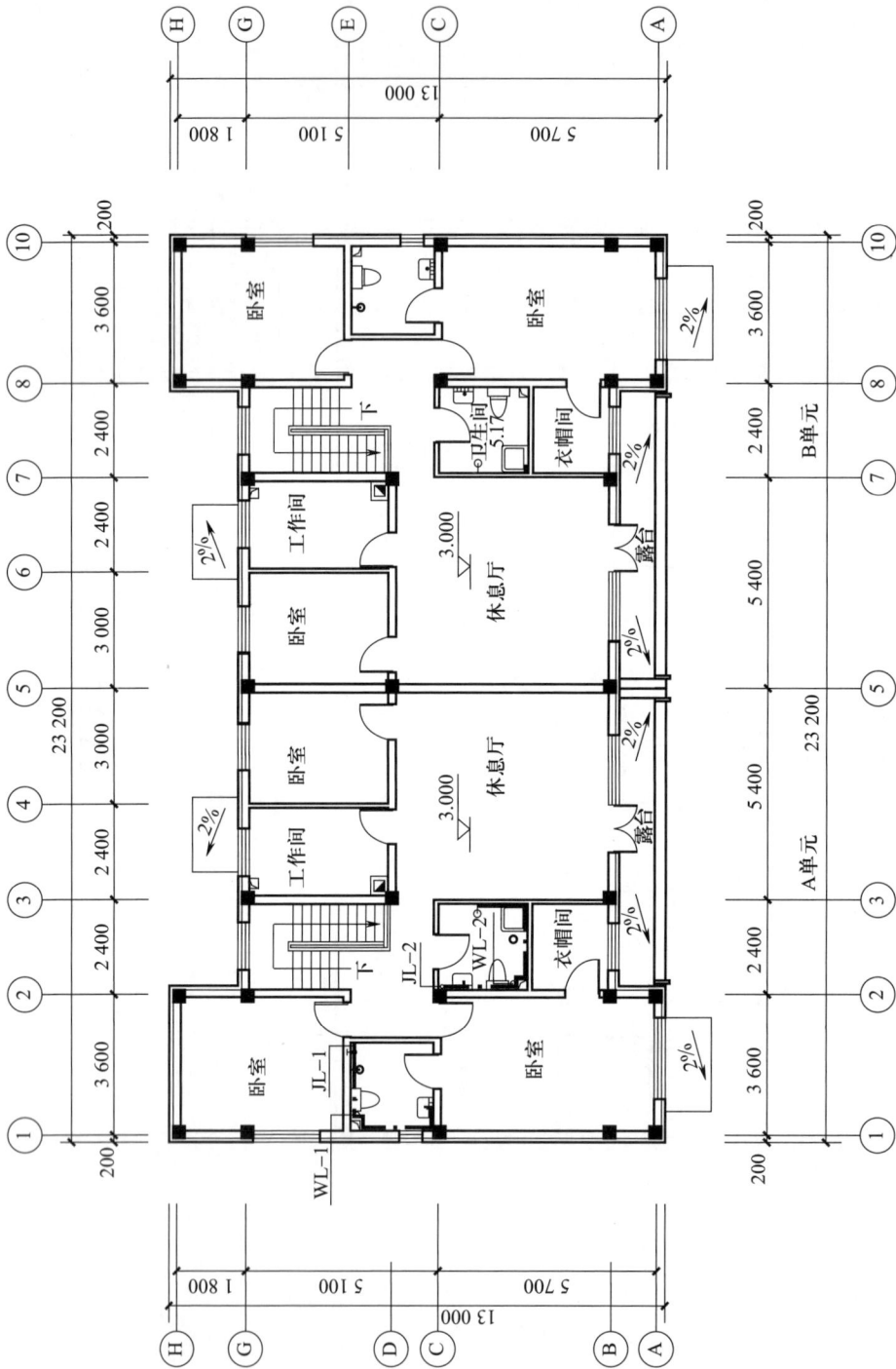

二层给水平面图 1:100
5至10轴平面图与1至5轴平面图对称相同
图 1.1.3　二层给水平面图

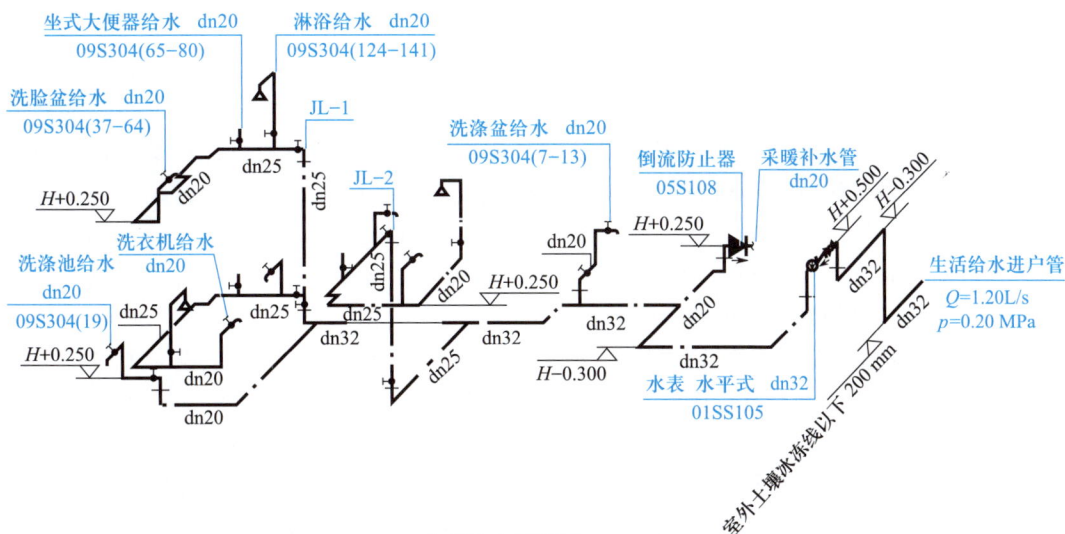

坐式大便器给水 dn20
09S304(65-80)

淋浴给水 dn20
09S304(124-141)

洗脸盆给水 dn20
09S304(37-64)

JL-1

洗涤盆给水 dn20
09S304(7-13)

倒流防止器
05S108

采暖补水管
dn20

dn25

JL-2

洗衣机给水 dn20

洗涤池给水 dn20
09S304(19)

生活给水进户管
Q=1.20L/s
p=0.20 MPa

H+0.250

H+0.250

水表 水平式 dn32
01SS105

生活给水系统图 1:100

5至10轴平面图与1至5轴平面图对称相同

图1.1.4 生活给水系统图

表1.1.1 建筑给水工程图纸识读任务表

实训项目	实训内容		备注
某农村节能住宅建筑给水工程识图	设计总说明	1. 管材：PP-R，热熔连接 2. 阀门：全铜质截止阀 3. 套管：楼板处 4. 水压试验：按设计规定 5. 水表：经自来水公司认定的 6. 水源：由市政管网供给	在识读施工图纸时，要建立列项思维，边识读边勾勒出分部分项工程项目框架
	系统图	1. 引入管：假设项目所在地冰冻线为-1.8 m，本案例引入管是于地下2.0 m埋深由室外进入室内 2. 水表：布置在地上0.5m处 3. 立管：本案例每单元有两根立管JL1、JL2 4. 支管：立管上的支管在本层楼板上方250 mm处接出，标高中H表示本层地面标高 5. 介质走向：介质流向由室外向室内，即由引入管，经过干管，立管JL2、JL1，再由支管分配给各卫生器具	
	平面图	1. 引入管：分布在⑤轴左右两侧（两单元），由室外进入室内 2. 水表：布置在一层餐厅里 3. 卫生器具：一层有2个厨房，2个卫生间；二层有4个卫生间；本案例卫生器具包含：洗脸盆、洗涤盆、坐便器、淋浴器、拖布池、地漏等 4. 立管：JL1、JL2均布置在相应卫生间墙角处 5. 敷设方式：明装 6. 定位尺寸：如图标注	

案例2：完成某节能住宅建筑给水工程列项

为使造价编制工作正确有序，在计量前，首先要对工程项目进行划分，而分项工程项目的正确列项要依据定额规定与设计文件中的工作内容（或施工工序）进行。依据定额可以划分到节，具体到节就要根据设计文件中的具体项目来确定。也就是说，定额中的分项工程项目名称就是要划分的分项工程项目。

针对系统工程列项，通常采用"直观项+隐含项"的列项思维。所谓"直观项"，是指从平面图、系统图等中可以直接看到的项；所谓"隐含项"，是指从设计总说明、定额、施工工艺等途径分析列出的项。

任务布置：根据本案例所给的施工图样图 1.1.2～图 1.1.4，结合定额对节能住宅建筑给水工程进行列项，并填写任务表。

问题思考：（1）从平面图、系统图上可以看到的"直观项"有哪些？

（2）从设计总说明、建筑给水施工工艺及定额中可以分析出哪些"隐含项"？

成果展示：建筑给水工程列项任务表见表 1.1.2。

表 1.1.2　建筑给水工程列项任务表

实训项目	实训内容		备注
某农村节能住宅建筑给水工程列项	直观项	从平面图、系统图上可以看到的直观项有： 1. 室内给水管道安装 2. 阀门安装 3. 水表安装 4. 水龙头安装 5. 倒流防止器安装	根据本案例图 1.1.2～图 1.1.4 直观得出
	隐含项	从设计总说明、给水工程施工工艺及定额中分析出的隐含项有： 6. 套管制作与安装 7. 成品管卡安装 8. 管道消毒、冲洗 9. 土方开挖与回填	根据本案例设计总说明，由掌握的建筑给水工程施工工艺及定额规定等分析得出

❖ **每课寄语**

2009 年，为进一步加强工程造价（定额）管理，提高投资效益，进一步明确工程造价（定额）管理机构职责，确保工程造价（定额）管理工作的连续性、稳定性，发挥工程造价（定额）工作在工程建设行政管理中的作用，中华人民共和国住房和城乡建设部印发了《关于进一步加强工程造价（定额）管理工作的意见》（建标〔2009〕14 号），提出了明确建议。

对于即将进入安装造价行业以及正在行业内的从业人员，树立法律意识是基本需求，应认识到在我国从业是"有法可依，有法必依"的。

📁文件

《关于进一步加强工程造价（定额）管理工作的意见》

[训后拓展]

1.1.6　实操训练

1. 项目描述

该项目为黑龙江省某农村节能住宅 B2-排水工程，所用施工图样为：生活排水系统图（图 1.1.5）、一层排水平面图（图 1.1.6）、二层排水平面图（图 1.1.7）。

某农村节能住宅
B2-排水工程

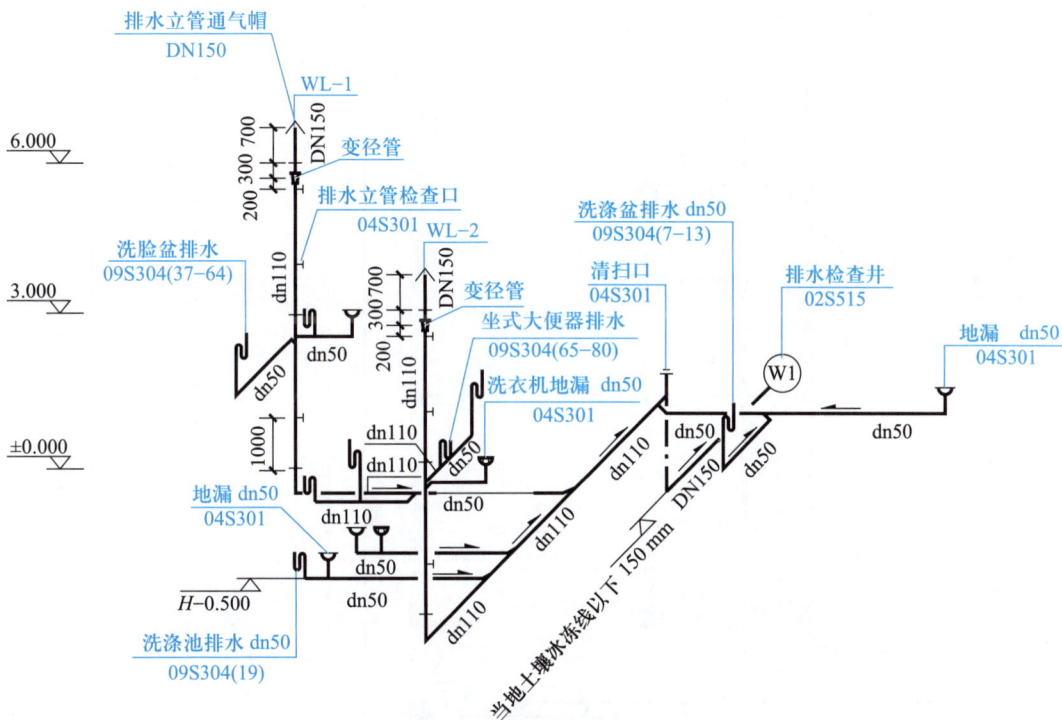

图 1.1.5　生活排水系统图

生活排水系统图 1∶100

5至10轴平面图与1至5轴平面图对称相同

（1）排水系统

该工程污、废水采用合流制。室内±0.000 以上污废水重力自流排入室外污水管，经化粪池处理后排入市政排水干线。

（2）管材、阀门和附件

① 生活污水管采用 UPVC 塑料管，连接方式采用粘接；出户干管及出屋面立管采用铸铁管，连接方式采用卡箍或套袖连接。

② 卫生间采用防返溢地漏，严禁采用钟罩式地漏，地漏水封高度不得小于 50mm。

③ 地面清扫口采用铜制品，清扫口表面与地面平。

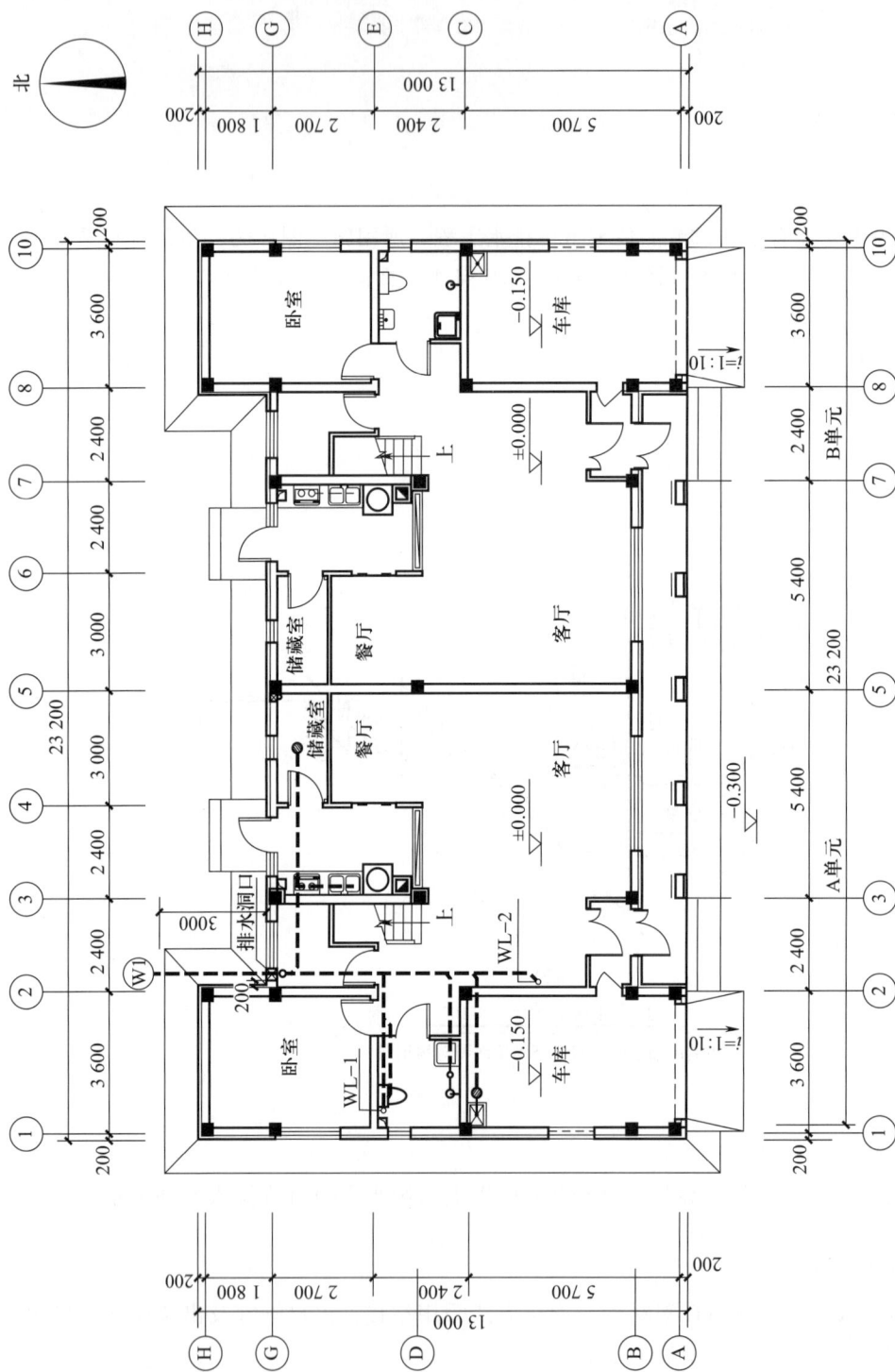

一层排水平面图 1:100

5至10轴平面图与1至5轴平面图对称相同

图 1.1.6   一层排水平面图

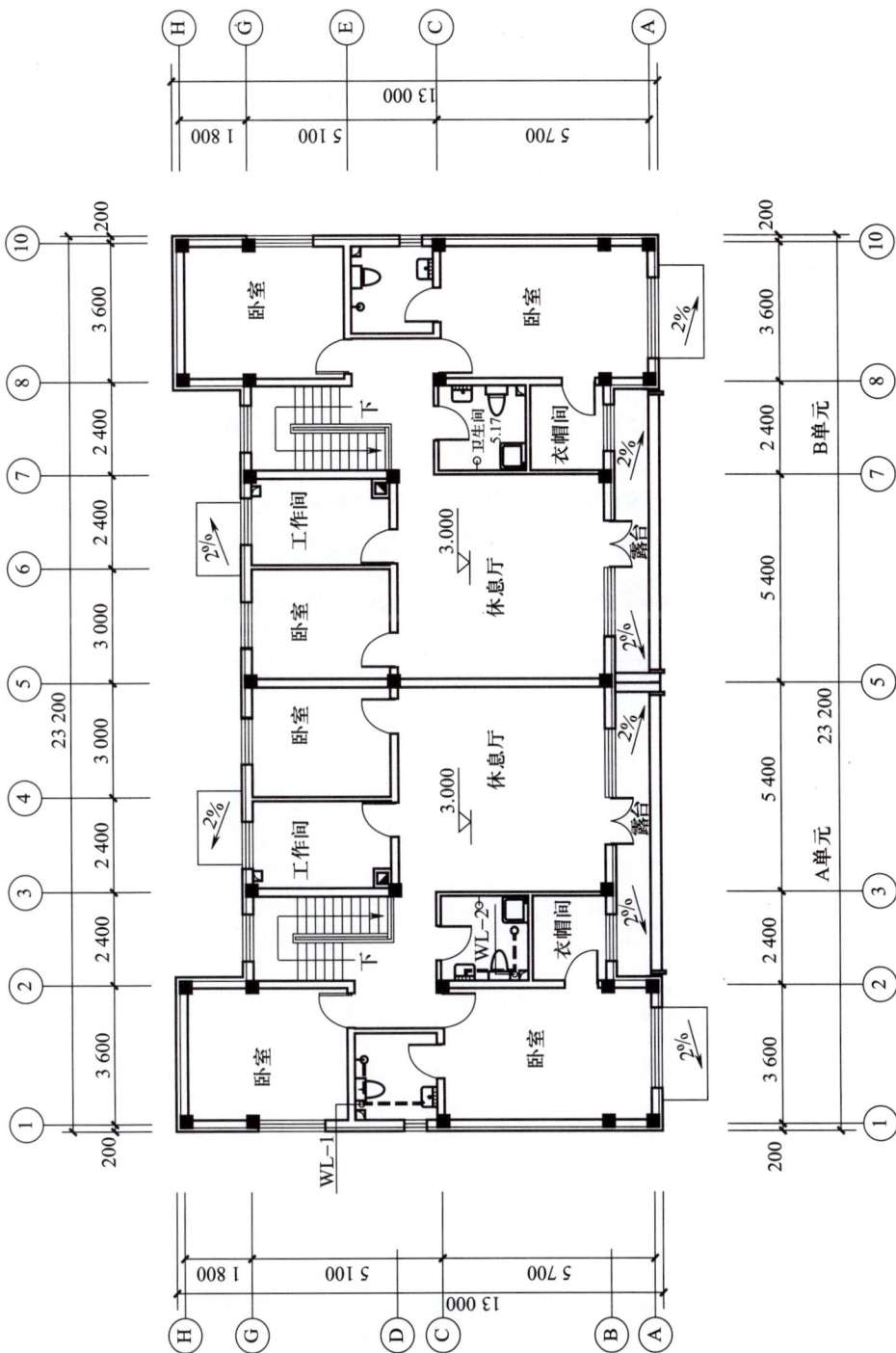

二层排水平面图 1:100

5至10轴平面图与1至5轴平面图对称相同

图 1.1.7　二层排水平面图

④ 卫生洁具给水及排水五金配件应采用与卫生洁具配套的节水型，不得采用淘汰产品。

（3）管道系统安装

① 排水支管的安装高度为棚下 500mm。

② 生活污水坡度当图中未注明时按下列规定采用：

塑料管：dn50，$i=0.025$；dn75，$i=0.015$；dn100，$i=0.012$；dn150，$i=0.007$。铸铁管：DN50，$i=0.035$；DN75，$i=0.025$；DN100，$i=0.020$；DN150，$i=0.010$。塑料排水横支管坡度 $i=0.026$。

（4）管道试压

排水管道为闭水试验，即注水一层楼高，30 min 后液面不下降为合格。污水的立管和横干管还应做通球试验。

（5）本说明未尽事宜均执行国家有关规范。

2. 任务要求

根据上述项目所给的条件，分别完成以下 2 个实操训练任务，并将任务成果以文字的形式填写在表 1.1.3 中。

（1）通过设计总说明、平面图及系统图等完成该项目建筑排水工程图纸识读。

（2）根据"直观项+隐含项"列项思维，完成该项目建筑排水工程列项。

表 1.1.3　建筑排水工程识图及列项任务表

工程名称：　　　　　　　　　　　　　　　　　　　　　　　　第　页　共　页

实训项目	实训内容		备注
某农村节能住宅建筑排水工程识图	设计总说明		
	系统图		
	平面图		
建筑排水工程列项	直观项		
	隐含项		

班级：　　　　　姓名：　　　　　日期：　　　　　审阅：　　　　　成绩：

任务1.1　实操训练答案

任务 1.2　卫生器具计量与清单

■ 学习目标

1. 熟悉卫生器具计量规则及注意事项。
2. 会正确设置卫生器具工程量清单项目。
3. 提升 X 技能，利用 BIM 安装计量软件识别卫生器具。

■ 素质目标

1. 培养良好的信息素养，建立信息意识。
2. 确立服从分配、积极配合、团队协作意识。
3. 树立职业道德、职业精神。

■ 学习要点

1. 卫生器具包括范围的界定。
2. 清楚计算规范中对卫生器具的注解说明。
3. 在软件中建立卫生器具模型时，注意正确设置连接点。
4. 项目特征描述要详尽、全面。
5. 对接 X 技能：工程数字造价，提升建模能力。

［训前导学］

1.2.1　工程量清单编制概述

1. 工程量清单的内容与格式

工程量清单应以单位（项）工程为单位编制，由分部分项工程项目清单、措施项目清单、其他项目清单、规费和税金项目清单组成，通常以表格形式体现。

工程量清单应采用《建设工程工程量清单计价规范》（GB 50500—2013，以下简称《计价规范》）规定的统一格式编制，由招标工程量清单封面、招标工程量清单扉页、总说明、分部分项工程量清单、单价措施项目清单、总价措施项目清单、其他项目清单、规费项目清单、税金项目清单等组成。其具体格式和内容如下。

（1）招标工程量清单封面

招标人需要在工程量清单封面上填写拟建工程项目名称、招标人（需单位盖章）、造价咨询人（造价师章及证号）、编制时间等，如表 1.2.1 所示。

表 1. 2. 1 招标工程量清单封面

_____工程

招标工程量清单

招 标 人：_____
(单位盖章)

造价咨询人：_____
(单位盖章)

年 月 日

（2）招标工程量清单扉页

招标人需在招标工程量清单扉页上填写拟建工程名称、招标人（此处需盖公章）、法定代表人、编制人（造价工程师及注册证号）、复核人（签字盖执业专用章）、编制时间等，如表1.2.2所示。

表 1.2.2　招标工程量清单扉页

_____工程

招标工程量清单

招　标　人：_____
（单位盖章）

造价咨询人：_____
（单位资质专用章）

法定代表人
或其授权人：_____
（签字或盖章）

法定代表人
或其授权人：_____
（签字或盖章）

编　制　人：_____
（造价人员签字盖专用章）

复　核　人：_____
（造价工程师签字盖专用章）

编制时间：　　年　月　日

复核时间：　　年　月　日

（3）总说明

工程量清单总说明主要用于招标人阐明工程的有关基本情况，其具体内容应视拟建项目实际情况而定，如表1.2.3所示，应按下列内容填写：

① 工程概况：建设规模、工程特征、计划工期、施工现场实际情况、自然地理条件、环境保护要求等。

② 工程招标和专业工程发包范围。

③ 工程量清单编制依据。

④ 工程质量、材料、施工等的特殊要求。

⑤ 其他需要说明的问题。

表1.2.3　工程量清单总说明

工程名称：　　　　　　　　　标段：　　　　　　　　　第　页　共　页

工程概况：见《投标须知》
工程招标范围：见《投标须知》
编制依据：见《工程量清单说明及投标报价要求》
工程质量、材料、施工的特殊要求：见《施工及技术规范》
其他：

（4）分部分项工程量清单

分部分项工程量清单包括项目编码、项目名称、项目特征描述、计量单位和工程量五要素。主要是将设计图纸规定要实施完成的全部工程内容和任务等列成清单，编制出完整的项目名称及对应的实体工程数量的工程量清单表，如表1.2.4所示。

表1.2.4　分部分项工程量清单

工程名称：　　　　　　　　　标段：　　　　　　　　　第　页　共　页

项目编码	项目名称	项目特征描述	计量单位	工程量

（5）措施项目清单

措施项目清单是指为完成工程项目施工，发生于该工程施工准备和施工过程中的技术、生活、安全、环境保护等方面的项目清单，包括总价措施项目清单和单价措施项目清单。措施项目属于非工程实体项目，在措施项目清单中需要将非工程实体的项目逐一列出。单价措施项目清单与表1.2.4的格式相同，总价措施项目清单如表1.2.5所示。

表 1.2.5　总价措施项目清单

工程名称：　　　　　　　　　　　标段：　　　　　　　　　　第 页 共 页

序号	项目编码	项目名称	备注
		安全文明施工费	
		夜间施工增加费	
		二次搬运费	
		冬雨季施工增加费	
		已完工程及设备保护费	
		……	

（6）其他项目清单

其他项目清单是指除分部分项工程量清单和措施项目清单以外，该工程项目施工中可能发生的其他费用，如表 1.2.6 所示。

表 1.2.6　其他项目清单

工程名称：　　　　　　　　　　　标段：　　　　　　　　　　第 页 共 页

序号	项目名称	备注
1	暂列金额	
2	暂估价	
2.1	材料（工程设备）暂估价	
2.2	专业工程暂估价	
3	计日工	
4	总承包服务费	

（7）规费、税金项目清单

规费是指由省级政府或省级有关权力部门规定施工企业必须缴纳的，应计入建筑安装工程造价的费用；税金是指国家税法规定的应计入建筑安装工程造价内的税费。规费、税金是强制性执行且不得作为竞争性的费用。

在招标文件中需要列出要缴纳费用明细清单，投标人根据清单按规定进行报价。

2. 分部分项工程量清单编制

分部分项工程量清单载明了项目编码、项目名称、项目特征、计量单位和工程量。

（1）项目编码

项目编码是《计价规范》对每一个分部分项工程清单项目均给定的一个编码。分部分项工程量清单的项目编码以五级编码设置，用十二位阿拉伯数字表示，一、二、三、四级编码为一至九位，应按附录的规定设置，不得随意变动，第五级编码为十至十二位，应根据拟建工程的工程量清单项目名称，由工程量清单编制人设置，同一招标工程的项目编码不得有重码。以项目编码030103001001为例，分析五级编码的设置，如图 1.2.1 所示。

① 第一级表示专业工程代码（第 1、2 位）。01 房屋建筑与装饰工程；02 仿古建筑工程；03 通用安装工程；04 市政工程；05 园林绿化工程；06 矿山工程；07 构筑物工程；08 城市轨道交通工程；09 爆破工程。

微课

工程量清单编制

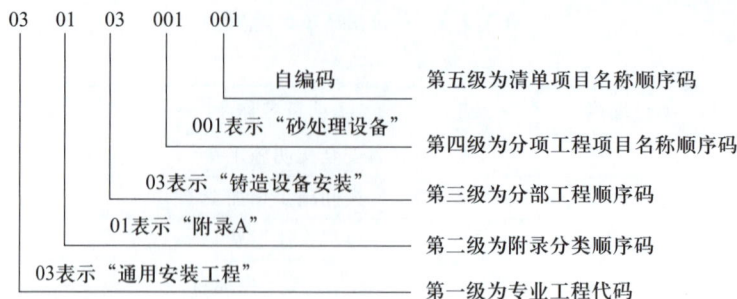

图 1.2.1 五级编码设置

② 第二级表示附录分类顺序码（第3、4位）。即专业工程顺序码。通用安装工程共设置了12个附录：附录A 机械设备安装工程（编码0301）；附录B 热力设备安装工程（编码0302）；附录C 静置设备与工艺金属结构制作安装工程（编码0303）；附录D 电气设备安装工程（编码0304）；附录E 建筑智能化工程（编码0305）；附录F 自动化控制仪表安装工程（编码0306）；附录G 通风空调工程（编码0307）；附录H 工业管道工程（编码0308）；附录J 消防工程（编码0309）；附录K 给排水、采暖、燃气工程（编码0310）；附录L 通信设备及线路工程（编码0311）；附录M 刷油、防腐蚀、绝热工程（编码0312）。

③ 第三级表示分部工程顺序码（第5、6位）。如附录A 机械设备安装工程中A.1（编码030101）表示切削设备安装；A.2（编码030102）表示锻压设备安装；A.3（编码030103）表示铸造设备安装。

④ 第四级表示分项工程项目名称顺序码（第7、8、9位）。如在附录A 机械设备安装工程中编码030103001表示铸造设备安装中"砂处理设备"安装项目。

⑤ 第五级表示清单项目名称顺序码（第10、11、12位），也称为自编码。同一招标工程的项目编码不得有重码，从001起顺序编制。

若出现附录中未包括的项目，编制人应作补充，并报省级或行业工程造价管理机构备案。补充项目的编码由相应工程计量规范的代码与B和三位阿拉伯数字组成，并应从XB001起顺序编制，如通用设备安装工程应从03B001起顺序编制。工程量清单中需附有补充项目的名称、项目特征、计量单位、工程量计算规则、工程内容。

（2）项目名称

项目名称一般以工程实体命名，并应按附录的项目名称结合拟建工程的实际确定。项目名称如有缺项，招标人可按相应的原则进行补充，并报当地工程造价管理部门备案。

（3）项目特征描述

工程量清单项目特征是确定一个清单项目综合单价不可缺少的重要依据，编制时必须对项目特征进行准确和全面的描述。在描述项目特征时应按以下原则进行：

① 项目特征描述的内容应按《计价规范》附录中的规定，结合拟建工程的实际，能满足确定综合单价的需要。

② 若采用标准图集或施工图纸能够全部或部分满足项目特征描述的要求，项目特征描述可直接采用详见××图集或××图号的方式。对不能满足项目特征描述要求的部分，仍应用文字描述。

具体清单项目设置架构如图 1.2.2 所示。

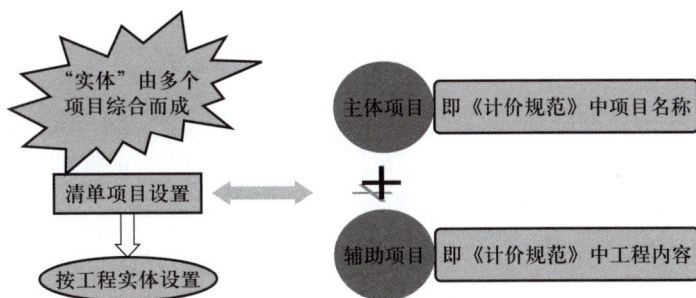

图 1.2.2　清单项目设置架构图

（4）计量单位

清单项目的工程量计量单位均为基本单位，不得使用扩大单位（如 10 m、100 kg 等），这一点与传统定额计价有很大区别。

在《计价规范》附录中若有两个或两个以上计量单位的，应结合拟建工程项目的实际情况，确定其中一个为计量单位，同一工程项目的计量单位应一致。

工程计量时每一项目汇总的有效位数应遵守下列规定：

① 以"t"为单位，应保留小数点后三位数字，第四位小数四舍五入。

② 以"m""m^2""m^3""kg"为单位，应保留小数点后两位数字，第三位小数四舍五入。

③ 以"台""个""件""套""根""组""系统"为单位，应取整数。

（5）工程量

工程量应按相关工程国家计量规范规定的工程量计算规则计算填写。清单项目规定的计算规则应以实体工程量为准，采用安装后的净尺寸。投标人在投标报价时，应在综合单价组价过程中考虑施工中的各种损耗和需要增加的工程量。

分部分项工程量清单与计价表见表 1.2.7。

表 1.2.7　分部分项工程量清单与计价表

工程名称：　　　　　　　　　　　标段：　　　　　　　　　　　第　页　共　页

序号	项目编码	项目名称	项目特征描述	计量单位	工程量	金额/元		
						综合单价	合价	其中
								暂估价
			本页小计					
			合　计					

注：为计取规费等的使用，可在表中增设"其中：定额人工费"。

3. 措施项目清单编制

（1）总价措施项目清单与计价表见表1.2.8。

表 1.2.8 总价措施项目清单与计价表

工程名称： 标段： 第 页 共 页

序号	项目编码	项目名称	计算基础	费率/%	金额/元	调整费率/%	调整后金额/元	备注
		安全文明施工费						
		夜间施工增加费						
		二次搬运费						
		冬雨季施工增加费						
		已完工程及设备保护费						
		……						
		合 计						

注：本表适用以"项"计价的措施项目。

（2）单价措施项目清单与计价表见表1.2.9。

表 1.2.9 单价措施项目清单与计价表

工程名称： 标段： 第 页 共 页

序号	项目编码	项目名称	项目特征描述	计量单位	工程量	金额/元	
						综合单价	合价
		本页小计					
		合 计					

注：本表适用于以综合单价形式计价的措施项目。

4. 其他项目和规费、税金项目清单编制

（1）其他项目清单编制

其他项目清单由暂列金额、暂估价（包括材料暂估单价、专业工程暂估价）、计日工、总承包服务费组成，由招标人根据工程实际情况估算列出并可补充。

其他项目清单与计价汇总表见表1.2.10。

表 1.2.10 其他项目清单与计价汇总表

工程名称： 标段： 第 页 共 页

序号	项目名称	金额/元	结算金额/元	备注
1	暂列金额			
2	暂估价			

续表

序号	项目名称	金额/元	结算金额/元	备注
2.1	材料（工程设备）暂估价			
2.2	专业工程暂估价			
3	计日工			
4	总承包服务费			
	合　计			

注：材料（工程设备）暂估单价进入清单项目综合单价，此处不汇总。

暂列金额明细表见表 1.2.11。

表 1.2.11　暂列金额明细表

工程名称：　　　　　　　　标段：　　　　　　　　　　第　页　共　页

序号	项目名称	计量单位	暂定金额/元	备注
	合　计			

注：此表由招标人填写，如不能详列，也可只列暂定金额总额，投标人应将上述暂列金额计入投标总价中。

材料（工程设备）暂估单价及调整表见表 1.2.12。

表 1.2.12　材料（工程设备）暂估单价及调整表

工程名称：　　　　　　　　标段：　　　　　　　　　　第　页　共　页

序号	材料（工程设备）名称、规格、型号	计量单位	数量		暂估/元		确认/元		差额±/元		备注
			暂估	确认	单价	合价	单价	合价	单价	合价	

注：此表由招标人填写，并在备注栏说明暂估价的材料、工程设备拟用在哪些清单项目上，投标人应将上述材料、工程设备暂估单价计入工程量清单综合单价报价中。

专业工程暂估价及结算价表见表 1.2.13。

表 1.2.13　专业工程暂估价及结算价表

工程名称：　　　　　　　　标段：　　　　　　　　　　第　页　共　页

序号	工程名称	工程内容	暂估金额/元	结算金额/元	差额±/元	备注
	合　计					

注：此表由招标人填写，投标人应将上述专业工程暂估价计入投标总价中。

计日工表见表 1.2.14。

表 1.2.14　计 日 工 表

工程名称：　　　　　　　　　　　　　　标段：　　　　　　　　　　　　　第　页　共　页

编号	项目名称	单位	暂定数量	实际数量	综合单价/元	合价/元	
						暂定	实际
一	人工费						
1							
人工费小计							
二	材料费						
1							
材料费小计							
三	施工机具使用费						
1							
施工机具使用费小计							
四	企业管理费和利润						
总　计							

注：此表项目名称、暂定数量由招标人填写，编制招标控制价时，单价由招标人按有关计价规定确定；投标时，单价由投标人自主报价，按暂定数量计算合价计入投标总价中。结算时，按发、承包双方确认的实际数量计算合价。

总承包服务费计价表见表 1.2.15。

表 1.2.15　总承包服务费计价表

工程名称：　　　　　　　　　　　　　　标段：　　　　　　　　　　　　　第　页　共　页

序号	项目名称	项目价值/元	服务内容	计算基础	费率/%	金额/元
1	发包人发包专业工程					
2	发包人供应材料					
合　计		—	—	—		—

（2）规费、税金项目清单编制

招标人在编制规费项目清单时，应根据《计价规范》的规定列明费用名称及其计算方法。现行《计价规范》中规费的内容有：

① 社会保险费：包括养老保险费、失业保险费、医疗保险费、工伤保险、生育保险。

② 住房公积金。

③ 环境保护税。

规费、税金项目计价表见表 1.2.16。

表 1.2.16　规费、税金项目计价表

工程名称：　　　　　　　　　　　　　　标段：　　　　　　　　　　　　　第　页　共　页

序号	项目名称	计算基础	计算基数	费率/%	金额/元
1	规费	计费人工费+人工费价差			

续表

序号	项目名称	计算基础	计算基数	费率/%	金额/元
1.1	社会保险费	计费人工费+人工费价差			
(1)	养老保险费	计费人工费+人工费价差			
(2)	失业保险费	计费人工费+人工费价差			
(3)	医疗保险费	计费人工费+人工费价差			
(4)	工伤保险费	计费人工费+人工费价差			
(5)	生育保险费	计费人工费+人工费价差			
1.2	住房公积金	计费人工费+人工费价差			
1.3	环境保护税	按实际发生计算			
2	税金	税前工程造价			
合　计					

1.2.2　卫生器具计量

1. 卫生器具涵盖范围

卫生器具包括浴盆、净身盆、洗手盆、洗脸盆、洗涤盆、化验盆、淋浴器、大便器、小便器、大小便器自动冲洗水箱、给排水附件、小便槽冲洗管、蒸汽-水加热器、冷热水混合器、饮水器和隔油器等。

2. 卫生器具安装范围

了解卫生器具安装范围是必要的知识储备，当对其进行计价时，可以避免因对其安装范围模糊造成丢项、丢量、丢费现象。下面列举几个常见的卫生器具，并分别以其中的一种安装示意图为例，深入理解各卫生器具安装范围的界定，如图 1.2.3~图 1.2.10所示。

微课

卫生器具计量

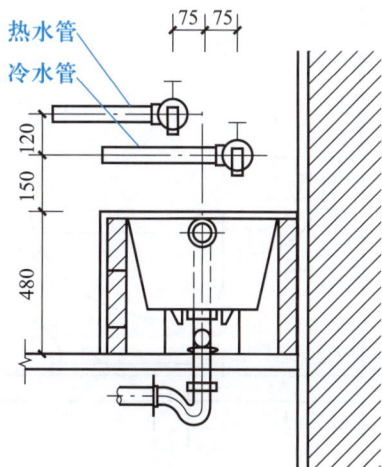

图 1.2.3　浴盆安装示意图

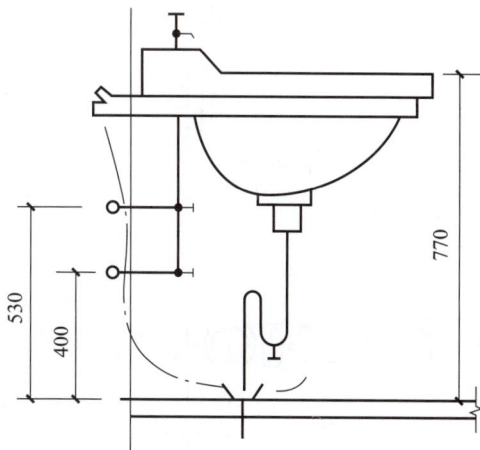

图 1.2.4　洗脸（手）盆安装示意图

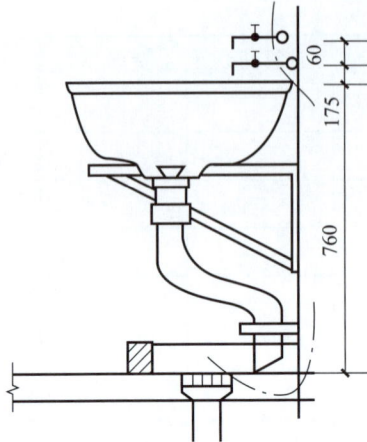

图1.2.5　洗涤盆安装示意图

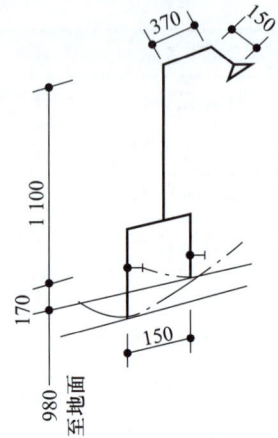

图1.2.6　淋浴器安装示意图

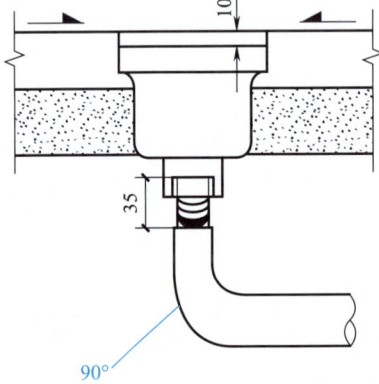

图1.2.7　地漏安装示意图

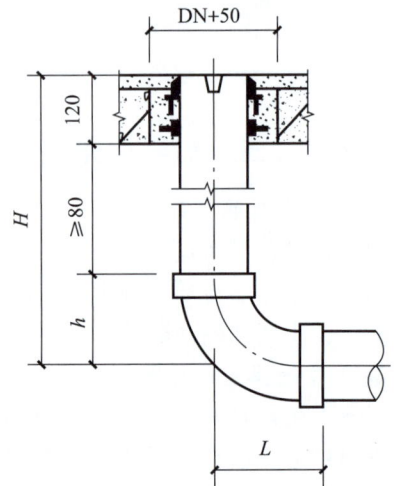

图1.2.8　地面扫除口安装示意图

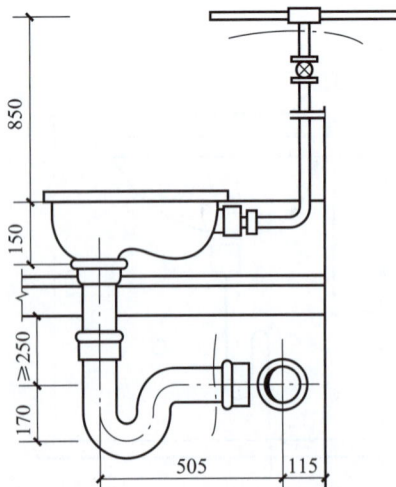

图1.2.9　蹲式大便器（低水箱）安装示意图

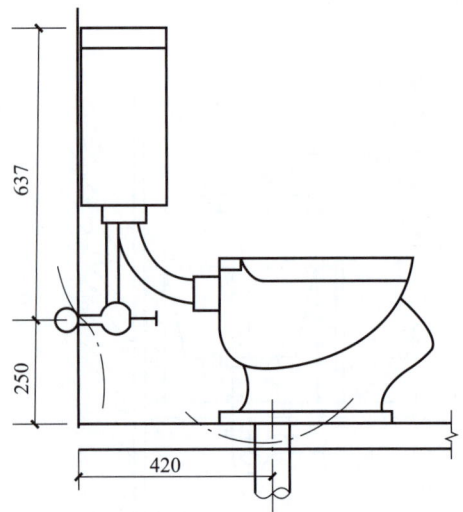

图1.2.10　坐式大便器安装示意图

3. 工程量计算规则

（1）各种卫生器具均按设计图示数量计算，以"10组"或"10套"为计量单位。

（2）大、小便槽自动冲洗水箱安装分容积按设计图示数量，以"10套"为计量单位。大、小便槽自动冲洗水箱制作不分规格，以"100kg"为计量单位。

（3）小便槽冲洗管制作与安装按设计图示长度以"10m"为计量单位，不扣除管件所占的长度。

（4）湿蒸房依据使用人数，以"座"为计量单位。

（5）隔油器区分安装方式和进水管径，以"套"为计量单位。

4. 卫生器具计量相关说明

（1）浴盆安装不包括支座和周边砌砖及瓷砖粘贴。

（2）蹲式大便器安装已包括固定大便器的垫砖，但不包括蹲台砌筑。

（3）大、小便槽自动冲洗水箱安装中，已包括水箱和冲洗管的成品支托架、管卡安装，水箱支托架及管卡的制作及刷漆应按相应定额项目另行计算。

（4）给水附件包含水嘴、金属软管、阀门、冲洗管、喷头等；排水附件包含下水口、排水栓、存水弯、与地面或墙面排水口间的排水连接管等。

1.2.3　卫生器具清单设置

《通用安装工程工程量计算规范》（GB 50856—2013）中附录 K 是针对给排水、采暖、燃气工程的工程量清单项目。与本案例相关的卫生器具清单项目见表 1.2.17。

表 1.2.17　卫生器具（编码：031004）

项目编码	项目名称	项目特征	计量单位	工程量计算规则	工作内容
031004003	洗脸盆	1. 材质 2. 规格、类型 3. 组装形式 4. 附件名称、数量	组	按设计图示数量计算	1. 器具安装 2. 附件安装
031004004	洗涤盆				
031004006	大便器				
031004008	其他成品卫生器具				
031004010	淋浴器	1. 材质、规格 2. 组装形式 3. 附件名称、数量	套		
031004014	给排水附（配）件	1. 材质 2. 型号、规格 3. 安装方式	个（组）		安装

注：① 成品卫生器具项目中的附件安装主要指给水附件，包括水嘴、阀门、喷头等，排水配件包括存水弯、排水栓、下水口等以及配备的连接管。

　　② 洗脸盆适用于洗脸盆、洗发盆、洗手盆安装。

　　③ 给排水附（配）件是指独立安装的水嘴、地漏、地面扫除口等。

1.2.4　卫生器具 BIM 算量模型建立

进入广联达 BIM 安装算量软件，在左侧导航栏处找到卫生器具指引项，在"构件列表"中建立各种卫生器具分项，利用"设备提量"功能建立模型。

卫生器具 BIM
建模实操

[训中探析]

1.2.5　案例分析

案例1：完成卫生器具计量

任务描述：本案例为黑龙江省某农村节能住宅 B2-排水工程，所用的施工图样为图 1.1.5~图 1.1.7，应按照 2019 版黑龙江省建设工程计价依据《通用安装工程消耗量定额》中的工程量计算规则，以及设计文件中的工程内容、设计总说明及定额解释等执行任务。

任务布置：根据本案例所给的施工图样图 1.1.5~图 1.1.7，结合定额中的计量规则对卫生器具进行盘点，并将结果汇总。

某农村节能住宅
B2-排水工程

成果展示：本案例卫生器具工程量计算最终任务成果见表 1.2.18。

表 1.2.18　工程量计算表

工程名称：某农村节能住宅 B2-给排水工程　　　　　　　　　　　　　　第 1 页　共 1 页

序号	项目名称	工程量计算式	单位	数量	备注
一	卫生器具				
1	洗脸盆	2（一层）+4（二层）	组	6	
2	坐便器	2（一层）+4（二层）	组	6	
3	淋浴器	2（一层）+4（二层）	套	6	
4	洗涤池	2（一层）	组	2	
5	洗涤盆	2（一层）	组	2	
6	水龙头 DN20	2（一层）+2（二层）	个	4	
7	地漏 DN50	[（洗衣机地漏1+地漏3）（一层）+（洗衣机地漏1+地漏1）（二层）]×2（两单元）	个	12	
8	地面清扫口 DN150	1×2（两单元）	个	2	

案例2：完成卫生器具清单设置

任务描述：本案例为黑龙江省某农村节能住宅 B2-排水工程，其卫生器具清单设置需依据上述所给设计文件和《通用安装工程工程量计算规范》中的相关规定进行编制。

任务布置：根据上述卫生器具工程量计算结果，完成卫生器具清单项目设置，并形成工程量清单列表。

清单项目设置过程：以本案例洗脸盆为例，清单项目设置思维及过程如下：

（1）项目编码

由表 1.2.17 得知洗脸盆前九位清单编码为 031004003，后三位自编码从 001 编起，所以本案例洗脸盆的十二位项目编码为：031004003001。

（2）项目名称

根据表 1.2.17，本案例项目名称为"洗脸盆"。

（3）项目特征描述

由表 1.2.17 可知，针对洗脸盆的项目特征方向指引为：① 材质；② 规格、类型；③ 组装形式；④ 附件名称、数量。因此，结合本案例特点，清单项目具体特征描述如下：

---

1. 类型：洗脸盆 单嘴
2. 组装形式：挂墙式

（4）计量单位

根据表 1.2.17，计量单位为"组"。

（5）工程量

根据计算结果，洗脸盆的工程量为"5"。

综上所述，清单编制五要素全部设置完成后，洗脸盆工程量清单表见表 1.2.19。

表 1.2.19　洗脸盆工程量清单表

项目编码	项目名称	项目特征描述	计量单位	工程量
031004003001	洗脸盆	1. 类型：洗脸盆 单嘴 2. 组装形式：挂墙式	组	5

注：本案例中其他卫生器具清单设置方法与洗脸盆相同。

成果展示：本案例卫生器具分部分项工程量清单表见表 1.2.20。

表 1.2.20　分部分项工程量清单表

工程名称：某农村节能住宅 B2-给排水工程　　　　　　　　　　　　　　第 1 页　共 1 页

序号	项目编码	项目名称	项目特征描述	计量单位	工程量
1	031004003001	洗脸盆	1. 类型：洗脸盆 单嘴 2. 组装形式：挂墙式	组	6
2	031004006001	大便器	1. 类型：坐式大便器 2. 组装形式：连体水箱	组	6
3	031004010001	淋浴器	1. 材质、规格：塑料管 dn20 熔接 2. 组装形式：组成淋浴器 冷热水	套	6
4	031004008001	其他成品卫生器具	类型：成品洗涤池	组	2
5	031004004001	洗涤盆	类型：洗涤盆 单嘴	组	2

续表

序号	项目编码	项目名称	项目特征描述	计量单位	工程量
6	031004014001	给排水附(配)件	1. 类型：水龙头 2. 材质：铜质 3. 型号、规格：DN20	个	4
7	031004014002	给排水附(配)件	1. 类型：防返溢地漏 2. 规格：DN50	个	12
8	031004014003	给排水附(配)件	1. 类型：地面扫除口 2. 规格：DN150	个	2

❖ **每课寄语**

"信息素养"的本质是全球信息化需要人们具备的一种基本能力，其概念是保罗·泽考斯基于1974年提出的。它包括三个层面：文化素养（知识方面）、信息意识（意识方面）、信息技能（技术方面）。即要成为一个有信息素养的人，必须能够确定何时需要信息，并具有检索、评价和有效使用所需信息的能力。

在我国，信息素养是现代高等职业教育对复合型技能人才培养提出的必备素质，因此，高等职业院校教师在课程内容设置上已经在有意识地加强学生对信息基本知识和技能的掌握，提升学生运用信息技术进行学习、合作、交流和解决问题的能力，激发学生的创新意识和进取精神，职业教育正在发挥着它独有的功能。

针对本案例中卫生器具相关信息，教师可以引导学生利用知网、筑龙网、造价信息网、国家教学资源库平台等检索并整理出有效信息，以备实训中使用。

[**训后拓展**]

1.2.6　实操训练

1. 任务描述

某卫生间给排水工程有关背景资料如下：

（1）某卫生间给排水管道详图、排水系统图分别如图1.2.11、图1.2.12所示。

（2）公共卫生间蹲式大便器采用脚踏式冲洗阀（安装图见图集09S304-89），卫生间内生活给水管采用S3.2级PP-R管，热熔连接；排水管道采用柔性接口机制排水铸铁管，柔性不锈钢卡箍连接。当给水管DN≤50时采用J11T-16型铜制截止阀，螺纹连接；DN>50时采用D41X-16型蝶阀，对夹连接。

地漏均采用防返溢地漏，镀铬算子，水封高度大于或等于50 mm，地漏算子表面应低于该处地面5~10 mm；地面清扫口材质为铸铁，清扫口表面与地面相平。

2. 任务要求

根据上述项目所给的条件，分别完成以下2个实操训练任务：

任务1.2

实操训练答案

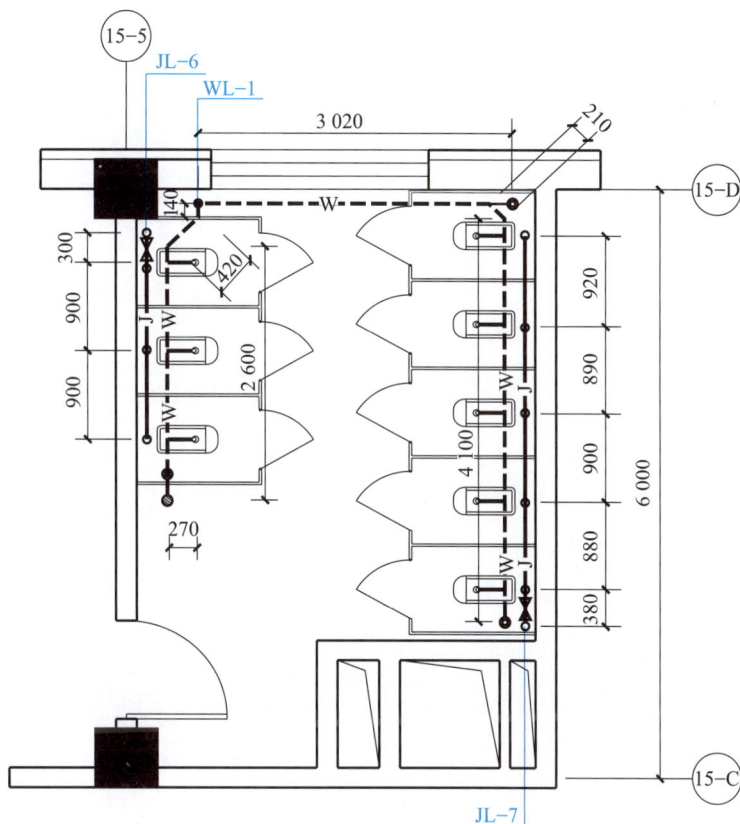

图 1.2.11　某卫生间给排水管道详图

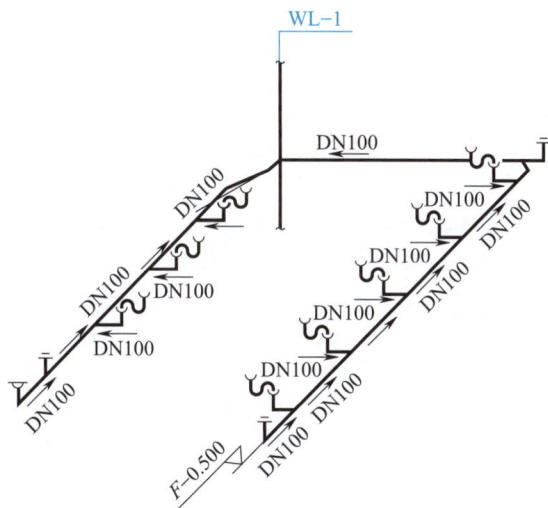

图 1.2.12　某卫生间排水系统图

F 代表本层地面标高

（1）依据施工图样完成该项目卫生器具计量，并将任务成果填写在表 1.2.21 中。

（2）根据上述计算出的工程量及《通用安装工程工程量计算规范》，完成该项目卫生器具清单项目设置，并将任务成果填写在表 1.2.22 中。

表 1.2.21　工程量计算表

工程名称：　　　　　　　　　　　　　　　　　　　　　　　　第　页　共　页

序号	项目名称	计算式	计量单位	工程量

班级：　　　　　姓名：　　　　　日期：　　　　　审阅：　　　　　成绩：

表 1.2.22 分部分项工程量清单表

工程名称：   第 页 共 页

序号	项目编码	项目名称	项目特征描述	计量单位	工程量

班级：   姓名：   日期：   审阅：   成绩：

任务 1.3　给排水管道及附件计量与清单

■ 学习目标

1. 熟悉给排水管道、阀门、支架等计量规则及计算方法。
2. 能准确对管道及附件计量，会编制相应工程量清单。
3. 提升 X 技能，利用 BIM 安装计量软件建立模型。

■ 素质目标

1. 养成认真务实的工作态度。
2. 培养一丝不苟、精益求精的工匠精神。
3. 培养良好信息素养，做事有计划、有总结。

■ 学习要点

1. 根据系统划分界限，遇到变径会判断节点，与卫生器具连接时，会界定分界点。
2. 正确盘点实物量，避免漏项。
3. 项目特征描述要详尽、全面。
4. 对接 X 技能：工程数字造价，提升建模能力。

[训前导学]

1.3.1　给排水管道及附件计量

在编制给排水工程造价时，其工程量的计算应按《全国统一安装工程工程量计算规则》和《全国统一安装工程预算定额》中第八册《给排水、采暖、燃气工程》的有关规定执行。不同专业、不同定额规定了各自的适用范围和执行界限，各册管道定额的执行界限应遵循一定的原则，必须明确不同定额各自规定的执行界限，才能正确计算工程量。

2019 版黑龙江省建设工程计价依据《通用安装工程消耗量定额》中第十册《给排水、采暖、燃气工程》针对给排水管道及附件的计量规则如下。

1. 给排水管道计量

（1）给水管道界限划分

① 安装工程室外给水管道与市政工程给水管道的分界线，以从市政管道引出的第一个水表井为界；无水表井以二者的碰头点为界。

② 室内外给水管道以建筑物外墙皮 1.5 m 为界，建筑物入口处设阀门者以阀门为界。

③ 与工业管道的分界线以与工业管道碰头点为界。

④ 与设在建筑物内的水泵房（间）管道以泵房（间）外墙皮为界。

动画
给排水管道界限
划分

给水管道界限划分示意图如图 1.3.1 所示。

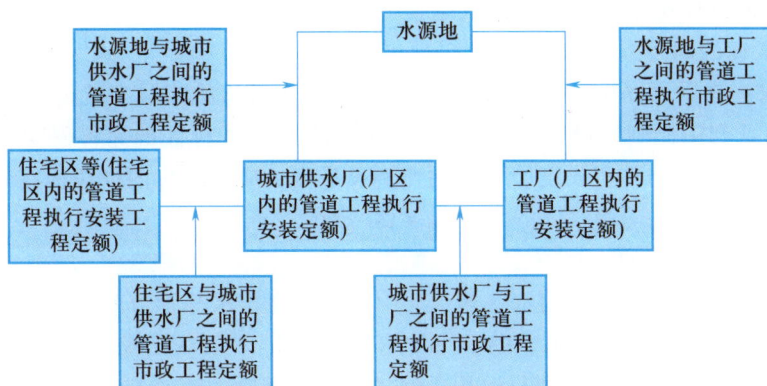

图 1.3.1　给水管道界限划分示意图

（2）排水管道界限划分

① 安装工程室外排水管道与市政工程排水管道的分界线，民用建筑区以二者的碰头点或小区外第一个污水井为界，厂区以厂外第一个污水井为界。

② 室内外排水管道以出户第一个排水检查井为界。

排水管道界限划分示意图如图 1.3.2 所示。

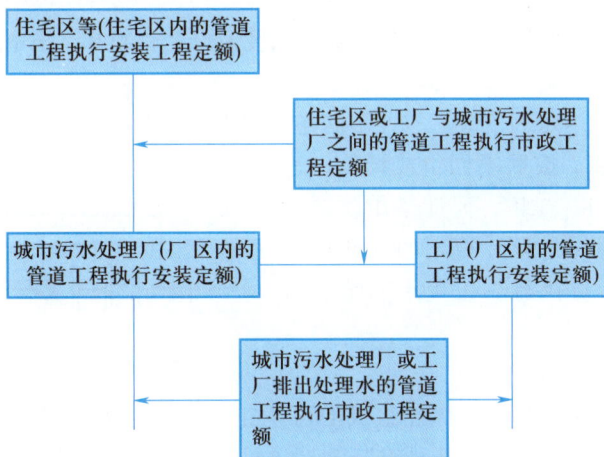

图 1.3.2　排水管道界限划分示意图

（3）给排水管道计量规则

① 各类管道安装按室内外、材质、连接形式、规格分别列项，以"10 m"为计量单位。定额中铜管、塑料管、复合管（钢塑复合管除外）按公称外径表示，其他管道均按公称直径表示。

② 各类管道安装工程量，均按设计管道中心线长度，以"10 m"为计量单位，不扣除阀门、管件、附件（包括器具组成）及井类所占长度。

③ 室内给排水管道与卫生器具连接的分界线应遵循如下规则：

a. 给水管道工程量计算至卫生器具（含附件）前与管道系统连接的第一个连接件（角阀、三通、弯头、管箍等）止。

微课
室内给排水工程
管道计量

动画
卫生器具安装范
围与管道系统的
分界点界定

b. 排水管道工程量自卫生器具出口处的地面或墙面的设计尺寸算起；与地漏连接的排水管道自地面设计尺寸算起，不扣除地漏所占长度。

④ 管道长度的确定方法如下：

a. 水平管：在平面图中"量算结合"，按平面图中管道的实际安装位置，根据建筑物轴线尺寸计算或利用比例尺量截，但要取决于比例尺、尺寸标注的完善程度。

b. 垂直管：管道的垂直长度，不宜用比例尺量截，应在系统图中按标高计算。即

$$L_{\text{垂直管}} = \nabla_{\text{上}} - \nabla_{\text{下}} \tag{1.3.1}$$

⑤ 管道的适用范围如下：

a. 给水管道适用于生活饮用水、热水、中水及压力排水等管道的安装。

b. 塑料管安装适用于 UPVC、PVC、PP-C、PP-R、PE、PB 管等塑料管安装。

c. 镀锌钢管（螺纹连接）项目适用于室内外焊接钢管的螺纹连接。

d. 钢塑复合管安装适用于内涂塑、内外涂塑、内衬塑、外覆塑内衬塑复合管道安装。

e. 钢管沟槽连接适用于镀锌钢管、焊接钢管及无缝钢管等沟槽连接的管道安装。不锈钢管、铜管、复合管的沟槽连接，可参照执行。

2. 管道附件计量

（1）阀门安装

阀门按照不同连接方式、公称直径，以"个"为计量单位。法兰阀门安装包括一个垫片和一副法兰用螺栓的安装。

注：阀门安装综合考虑了标准规范要求的强度及严密性试验工作内容。

（2）水表安装

① 普通水表、IC卡水表安装。按照不同连接方式、公称直径，以"个"为计量单位。

② 水表组成安装。按照不同组成结构、连接方式、公称直径，以"组"为计量单位。定额中旁通管及止回阀如与设计规定的安装形式不同时，可按相应项目执行。法兰水表组成示意图如图1.3.3所示。

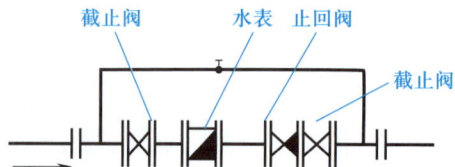

图 1.3.3　法兰水表组成示意图

（3）倒流防止器安装

倒流防止器是一种采用止回部件组成的可防止给水管道水倒流的装置。按照不同组成结构、连接方式、公称直径，以"组"为计量单位，如图1.3.4所示。

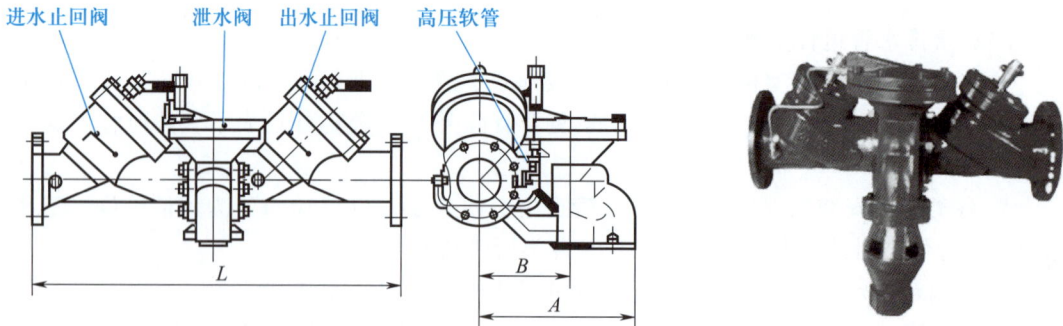

图 1.3.4　倒流防止器组成示意图

注：倒流防止器组成安装是根据国家建筑标准设计图集 12S108-1 编制的，按连接方式的不同分为带水表安装与不带水表安装。

（4）减压器安装

减压阀与其他阀件及管道组合而成的减压阀组称为减压器。

① 单独安装减压器，按其连接形式、公称直径，以"个"为计量单位，套用相应阀门的安装定额。

② 减压器组成安装，按照不同组成结构、连接方式、公称直径，以"组"为计量单位。

③ 减压器安装按高压侧的直径计算。

（5）疏水器安装

疏水器是蒸汽采暖系统中特有的自动阻汽疏水的附件。疏水器组主要由疏水器、阀门、冲洗管、检查管及旁通管组成，如图 1.3.5 所示。

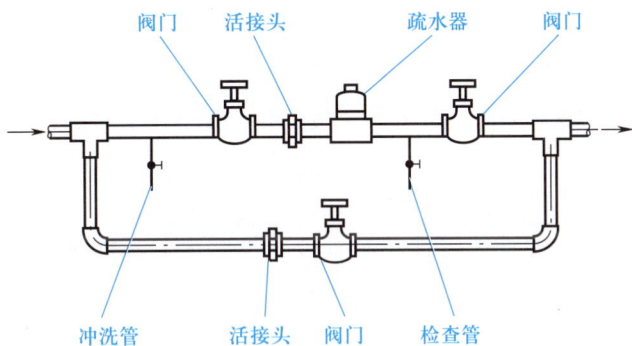

图 1.3.5　疏水器组安装示意图

① 单独安装疏水器，按其连接形式、公称直径，以"个"为计量单位，套用相应阀门的安装定额。

② 疏水器组成安装，按照不同组成结构、连接方式、公称直径，以"组"为计量单位，疏水器组成安装未包括止回阀安装，若安装止回阀则执行阀门安装相应项目。

3. 成品管卡及其他计量

（1）成品管卡安装

在室内给排水工程中，若用塑料管，管道支架通常用到成品管卡。成品管卡安装，按工作介质管道直径，区分不同规格以"个"为计量单位。成品管卡安装项目，适用于与各类管道配套的立、支管成品管卡的安装，成品管卡用量参考表见表 1.3.1。

表 1.3.1　成品管卡用量参考表　　　　　单位：个/10 m

序号	公称直径/mm 以内	给水、采暖、空调水管道									排水管道	
		钢管		铜管		不锈钢管		塑料管及复合管			塑料管	
		保温管	不保温管	垂直管	水平管	垂直管	水平管	立管	水平管		立管	横管
									冷水管	热水管		
1	15	5	4	5.56	8.33	6.67	10	11.11	16.67	33.33	—	—
2	20	4	3.33	4.17	5.56	5	6.67	10	14.29	28.57	—	—

续表

序号	公称直径/mm以内	给水、采暖、空调水管道										排水管道	
		钢管		铜管		不锈钢管		塑料管及复合管				塑料管	
		保温管	不保温管	垂直管	水平管	垂直管	水平管	立管	水平管		立管	横管
									冷水管	热水管		
3	25	4	2.86	4.17	5.56	5	6.67	9.09	12.5	25	—	—
4	32	4	2.5	3.33	4.17	4	5	7.69	11.11	20	—	—
5	40	3.33	2.22	3.33	4.17	4	5	6.25	10	16.67	8.33	25
6	50	3.33	2	3.33	4.17	3.33	4	5.56	9.09	14.29	8.33	20
7	65	2.5	1.67	2.86	3.33	3.33	4	5	8.33	12.5	6.67	13.33
8	80	2.5	1.67	2.86	3.33	2.86	3.33	4.55	7.41	—	5.88	11.11
9	100	2.22	1.54	2.86	3.33	2.86	3.33	4.17	6.45	—	5	9.09
10	125	1.67	1.43	2.86	3.33	2.86	3.33	—	—	—	5	7.69
11	150	1.43	1.25	2.5	2.86	2.5	2.86	—	—	—	5	6.25

（2）阻火圈安装、成品防火套管安装，按工作介质管道直径，区分不同规格以"个"为计量单位。

（3）管道消毒冲洗

管道水压试验、消毒冲洗按设计图示管道长度，区分不同规格以"100m"为计量单位。

1.3.2　给排水管道及附件清单设置

《通用安装工程工程量计算规范》中附录K是针对给排水、采暖、燃气工程的工程量清单项目。室内给排水工程清单项目设置需要依据计量规范的规定进行编制。

（1）给排水、采暖、燃气管道清单项目如表1.3.2所示。

表 1.3.2　给排水、采暖、燃气管道（编码：031001）

项目编码	项目名称	项目特征	计量单位	工程量计算规则	工作内容
031001005	铸铁管	1. 安装部位 2. 介质 3. 材质、规格 4. 连接形式 5. 接口材料 6. 压力试验及吹、洗设计要求 7. 警示带形式	m	按设计图示管道中心线以长度计算	1. 管道安装 2. 管件安装 3. 压力试验 4. 吹扫、冲洗 5. 警示带铺设
031001006	塑料管	1. 安装部位 2. 介质 3. 材质、规格 4. 连接形式 5. 阻火圈设计要求 6. 压力试验及吹、洗设计要求 7. 警示带形式			1. 管道安装 2. 管件安装 3. 塑料卡固定 4. 阻火圈安装 5. 压力试验 6. 吹扫、冲洗 7. 警示带铺设

注：① 铸铁管安装适用于承插铸铁管、球墨铸铁管、柔性抗震铸铁管等。

　　② 塑料管安装适用于 UPVC、PVC、PP-C、PP-R、PB、PE 管等塑料管材。

（2）管道附件清单项目如表 1.3.3 所示。

表 1.3.3 管道附件（编码：031003）

项目编码	项目名称	项目特征	计量单位	工程量计算规则	工作内容
031003001	螺纹阀门	1. 类型 2. 材质 3. 规格、压力等级 4. 连接形式 5. 焊接方法	个	按设计图示数量计算	1. 安装 2. 电气接线 3. 调试
031003012	倒流防止器	1. 材质 2. 型号、规格 3. 连接形式	套		安装
031003013	水表	1. 安装部位（室内外） 2. 型号、规格 3. 连接形式 4. 附件配置	组（个）		组装

注：塑料阀门连接形式需注明热熔连接、粘接、热风焊接等方式。

（3）支架及其他清单项目如表 1.3.4 所示。

表 1.3.4 支架及其他（编码：031002）

项目编码	项目名称	项目特征	计量单位	工程量计算规则	工作内容
031002003	套管	1. 名称、类型 2. 材质 3. 规格 4. 填料材质	个	按设计图示数量计算	1. 制作 2. 安装 3. 除锈、刷油

注：套管制作安装，适用于穿基础、墙、楼板等部位的防水套管、填料套管、无填料套管及防火套管等，应分别列项。

1.3.3 BIM 安装算量软件模型建立

1. 管道 BIM 模型建立

进入广联达 BIM 安装算量软件，在左侧导航栏列出管道分项，利用"直线"功能，沿着介质流向识别管道，建立模型。

算量软件中，当对管道进行识别建模时，在管道下面的属性窗口里将附属项参数设置完成，软件对管道识别成功后，会自动计算管道附属项工程量。

2. 管道附件模型建立

手工算量后，进入广联达 BIM 安装算量软件，在左侧导航栏处找到"管道附件"指引项，在"构件列表"中建立各种管道附件分项，利用"设备提量"或"点绘"功能建立模型，并注意属性的设置。

3. 套管识别

在左侧导航栏中，先选择"建筑结构"中的"墙"和"现浇板"，把墙和楼板识别出来后，再选择"零星构件"生成套管，但要注意在套管识别时，一定要在墙体和楼板

给排水管道及附件 BIM 建模实操

识别的范围之内进行，否则无法识别到。

[训中探析]

1.3.4　案例分析

案例1：完成建筑给水管道及附件计量

任务描述：本案例为黑龙江省某农村节能住宅 B2-给水工程，其给水管道及附件计量，应按照 2019 版黑龙江省建设工程计价依据《通用安装工程消耗量定额》中的工程量计算规则，以及设计文件中的工程内容、设计总说明及定额解释等执行任务。

任务布置：根据本案例所给的施工图样图 1.1.2～图 1.1.4，结合定额对给水管道及附件进行计量，并将结果汇总。

计算过程：以本案例给水管 dn32 为例，其管道手工计量过程及步骤如下：

（1）引入管计算—分界线界定

引入管 dn32：［1.50（室内外管道界线）+0.30（墙厚）+0.10（管中心与墙距）］m×2（两单元）= 3.80 m，如图 1.3.6 所示。

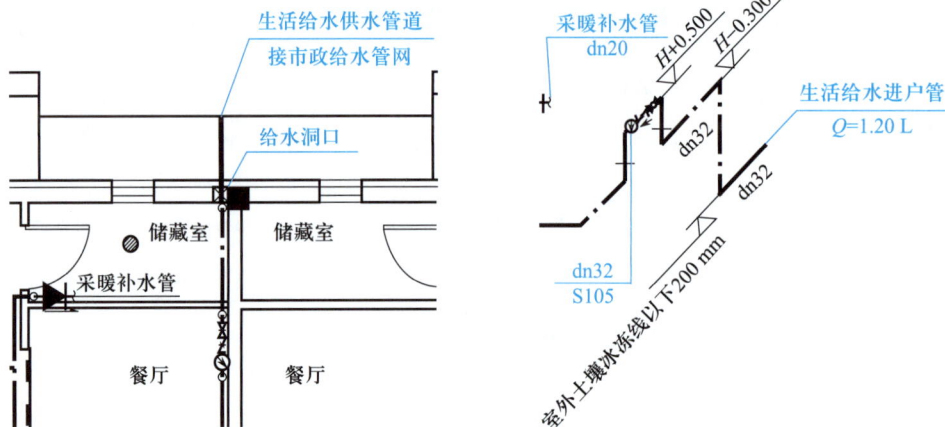

图 1.3.6　给水引入管位置图

（2）干管计算—找节点

① 垂直方向干管 dn32：［（2.20-0.30）+（0.50+0.30）×2］m（标高差）= 3.50 m，如图 1.3.7 所示。

② 水平方向干管 dn32：3.444 m+2.943 m+1.230 m+2.463 m+0.520 m+3.253 m = 13.853 m，如图 1.3.8 所示。

所以，干管 dn32：（3.50+13.85）m×2（两单元）= 34.70 m。

综上所述，本案例给水管 dn32 工程量汇总为：3.80 m+34.70 m = 38.50 m。

说明：本案例中其他规格的管计算过程及步骤与给水管 dn32 相同；管道附件严格按计量规则到图中进行盘点。

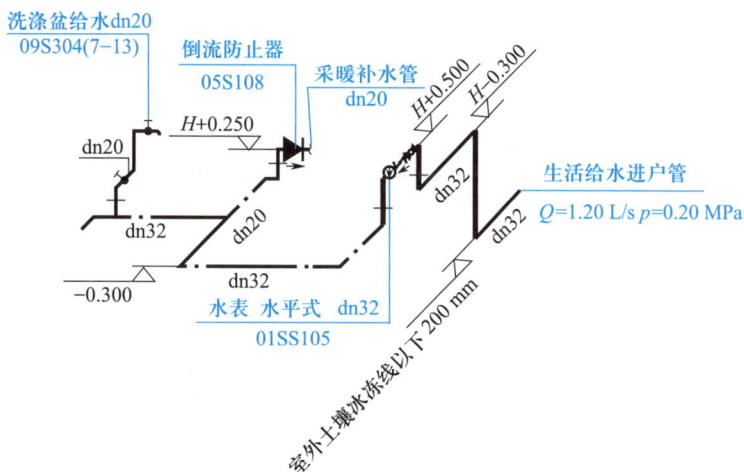

图 1.3.7 垂直干管位置图

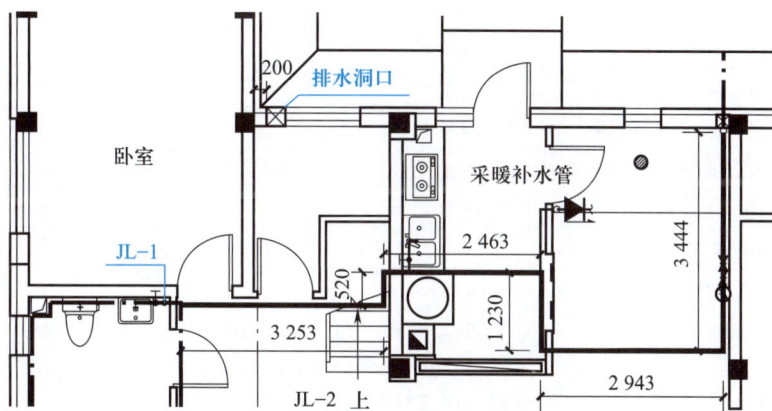

图 1.3.8 水平干管位置图

成果展示：本案例管道及附件工程计量最终任务成果见表1.3.5。

表 1.3.5 工程量计算表

工程名称：某农村节能住宅 B2-给水工程　　　　　　　　　　　　　第 1 页　共 1 页

序号	项目名称	工程量计算式	单位	数量	备注
一	室内给水管道				
1	PP-R 给水塑料管 dn32	引入管：[1.5(室内外管道界线)+0.30(墙厚)+0.10(管中心与墙距)]×2(两单元) 干管：{[(2.20-0.30)+(0.50+0.30)×2](标高差)+(3.444+2.943+1.230+2.463+0.520+3.253)}×2(两单元)	m	38.50	
2	PP-R 给水塑料管 dn25	干管：(2.31+0.27)×2(两单元) 立管：(0.30+3.00+0.25)×2×2(两单元) 支管：(2.11+2.08+0.81+1.37+2.25+1.76)×2(两单元)	m	40.12	

续表

序号	项目名称	工程量计算式	单位	数量	备注
3	PP-R 给水塑料管 dn20	干管：[0.96+0.800+(0.30+0.25)(标高差)]×2(两单元) 支管：[(0.30+0.25)(标高差)+0.44+0.37-0.03(管中心距墙面)+1.36-0.03(管中心距墙面)+(1.10-0.25)(洗衣机)+(1.00-0.25)(淋浴器)+2.38+2.11+(0.30+0.25)+1.05+(1.00-0.25)(淋浴器)+(1.10-0.25)(洗衣机)+0.78-0.03(管中心距墙面)+(2.20-0.03×2)+(0.58-0.03)+(1.00-0.25)(淋浴器)]×2(两单元)	m	36.90	淋浴器：给水阀按1.00 m算；洗衣机：水龙头在1.10 m处
二	给水附件				
1	阀门				
	双活接铜质截止阀 DN32	1×2(两单元)	个	2	
	铜质逆止阀 DN32	1×2(两单元)	个	2	
	双活接铜质截止阀 DN25	5×2(两单元)	个	10	
	双活接铜质截止阀 DN20	2×2(两单元)	个	4	
2	水表 DN32	1×2(两单元)	块	2	
3	倒流防止器 DN20	1×2(两单元)	个	2	
三	成品管卡及其他				
1	成品管卡				
	dn32	水平管：38.50×(11.11 个/10 m)	个	43	
	dn25	水平管：25.92×(12.50 个/10 m) 立管：14.2×(9.09 个/10 m)	个	46	
	dn20	水平管：36.90×(14.29 个/10 m)	个	53	
2	套管				
	刚性防水套管 DN32	1(穿基础)×2(两单元)	个	2	
	钢套管 DN32	2(穿楼板)×2(两单元)	个	4	
	钢套管 DN25	(2+2)(穿楼板)×2(两单元)	个	8	
	钢套管 DN20	3(穿楼板)×2(两单元)	个	6	
3	管道消毒、冲洗 DN50 以内	38.50+40.12+36.90	m	115.52	

案例2：完成建筑给水管道及附件清单设置

任务描述： 本案例为黑龙江省某农村节能住宅 B2-给水工程，其给水管道及附件清单设置，需依据上述所给设计文件和《通用安装工程工程量计算规范》中相关规定进行编制。

任务布置： 根据上述管道及附件工程量计算结果，请完成室内给水管道及附件清单项目设置，并形成工程量清单列表。

清单项目设置过程： 以本案例给水管 dn32 为例，清单项目设置思维及过程如下：

（1）项目编码

由表1.3.2得知塑料管前九位清单编码为031001006，后三位自编码从001编起，所以本案例给水管 dn32 的十二位项目编码为：031001006001。

（2）项目名称

根据表1.3.2规定，本案例项目名称为：塑料管。

（3）项目特征描述

由表1.3.2可知针对塑料管的项目特征方向指引为：① 安装部位；② 介质；③ 材质、规格；④ 连接形式；⑤ 阻火圈设计要求；⑥ 压力试验及吹、洗设计要求；⑦ 警示带形式。因此，结合本案例特点，清单项目具体特征描述如下：

> 1. 安装部位：室内
> 2. 介质：给水
> 3. 材质、规格：PPR32
> 4. 连接形式：热熔
> 5. 其他：成品管卡
> 6. 压力试验及吹、洗设计要求：水压试验、水冲洗、消毒冲洗等

（4）计量单位

根据表1.3.2规定，计量单位为"m"。

（5）工程量

根据上面计算结果，给水管 dn32 的工程量为：38.50。

综上所述，清单编制五要素全部设置完成后，给水管 dn32 的清单项目设置见表1.3.6。

表1.3.6　分部分项工程量清单表

项目编码	项目名称	项目特征描述	计量单位	工程量
031001006001	塑料管	1. 安装部位：室内 2. 介质：给水 3. 材质、规格：PPR32 4. 连接形式：热熔 5. 其他：成品管卡 6. 压力试验及吹、洗设计要求：水压试验、水冲洗、消毒冲洗等	m	38.50

说明：本案例中其他项目清单设置方法与 dn32 相同。

成果展示：本案例给水管道及附件工程量清单项目设置最终任务成果见表1.3.7。

表1.3.7　分部分项工程量清单表

工程名称：某农村节能住宅 B2-给水工程　　　　　　　　　　　　　　第1页　共1页

序号	项目编码	项目名称	项目特征描述	计量单位	工程量
1	031001006001	塑料管	1. 安装部位：室内 2. 介质：给水 3. 材质、规格：PP-R32 4. 连接形式：热熔 5. 其他：成品管卡 6. 压力试验及吹、洗设计要求：水压试验、水冲洗、消毒冲洗等	m	38.50

续表

序号	项目编码	项目名称	项目特征描述	计量单位	工程量
2	031001006002	塑料管	1. 安装部位：室内 2. 介质：给水 3. 材质、规格：PP-R25 4. 连接形式：热熔 5. 其他：成品管卡 6. 压力试验及吹、洗设计要求：水压试验、水冲洗、消毒冲洗等	m	40.12
3	031001006003	塑料管	1. 安装部位：室内 2. 介质：给水 3. 材质、规格：PP-R20 4. 连接形式：热熔 5. 其他：成品管卡 6. 压力试验及吹、洗设计要求：水压试验、水冲洗、消毒冲洗等	m	36.90
4	031003001001	螺纹阀门	1. 类型：截止阀 2. 材质：铜质 3. 规格、压力等级：DN32 4. 连接形式：丝扣连接	个	2
5	031003001002	螺纹阀门	1. 类型：逆止阀 2. 材质：铜质 3. 规格、压力等级：DN32 4. 连接形式：丝扣连接	个	2
6	031003001003	螺纹阀门	1. 类型：截止阀 2. 材质：铜质 3. 规格、压力等级：DN25 4. 连接形式：丝扣连接	个	10
7	031003001004	螺纹阀门	1. 类型：截止阀 2. 材质：铜质 3. 规格、压力等级：DN20 4. 连接形式：丝扣连接	个	4
8	031003013001	水表	1. 安装部位：室内 2. 型号、规格：DN32 3. 连接形式：螺纹连接	个	2
9	031003012001	倒流防止器	1. 型号、规格：DN20 2. 连接形式：螺纹连接	套	2
10	031002003001	套管	1. 名称、类型：刚性防水套管 2. 材质：碳钢 3. 规格：DN32 4. 填料材质：油麻、石棉水泥等	个	2
11	031002003002	套管	1. 名称、类型：钢套管 2. 材质：碳钢 3. 规格：DN32 4. 填料材质：密封膏、油麻、石棉绳等	个	4

续表

序号	项目编码	项目名称	项目特征描述	计量单位	工程量
12	031002003003	套管	1. 名称、类型：钢套管 2. 材质：碳钢 3. 规格：DN25 4. 填料材质：密封膏、油麻、石棉绳等	个	8
13	031002003004	套管	1. 名称、类型：钢套管 2. 材质：碳钢 3. 规格：DN20 4. 填料材质：密封膏、油麻、石棉绳等	个	6

❖ **每课寄语**

马楠教授关于"工程量清单编制错误有多严重"专门录制了一段视频。他指出，2013年初，北京市造价处造价协会对全市造价咨询企业的咨询成果进行质量大检查，其中，一家甲级咨询公司编制的69项清单，有63项是错误的，错误率达到90%。可以看出，当时的造价行业清单编制的错误率非常高，错误的严重程度超出了我们的想象。

在现行清单计价模式下，建设项目招投标秉承着公平原则，甲乙双方风险共担，甲方承担"量的风险"，乙方承担"价的风险"。这突显了清单正确编制的重要性。项目特征描述的正确性、量的精准度等都决定了承担风险的大小。因此，作为造价人，认真严谨是我们应具备的工作态度。

［训后拓展］

1.3.5　实操训练

1. 任务描述

该项目为黑龙江省某农村节能住宅 B2-排水工程，所用的施工图样为生活排水系统图（图 1.1.5）、一层排水平面图（图 1.1.6）、二层排水平面图（图 1.1.7）。

2. 任务要求

根据上述项目所给的条件，分别完成以下 3 个实操任务：

（1）依据施工图样完成本项目建筑排水管道及其他附件计量，并将任务成果填写在表 1.3.8 中。

（2）根据上述（1）计算出的工程量，完成该项目建筑排水管道及其他附件清单项目设置，并将任务成果填写在表 1.3.9 中。

（3）利用 BIM 安装算量软件建立排水管道模型，并以电子版形式上交。

图纸

某农村节能住宅
B2-排水工程

任务1.3

实操训练答案

表 1.3.8　工程量计算表

工程名称：　　　　　　　　　　　　　　　　　　　　　　　　第　页　共　页

序号	项目名称	计算式	计量单位	工程量

班级：　　　　姓名：　　　　日期：　　　　审阅：　　　　成绩：

表 1.3.9 分部分项工程量清单表

工程名称：   第　页　共　页

序号	项目编码	项目名称	项目特征描述	计量单位	工程量

班级：　　　　　　姓名：　　　　　　日期：　　　　　　审阅：　　　　　　成绩：

任务 1.4　土石方工程计量与清单

■ 学习目标

1. 正确计算土石方的参数，掌握计算方法及公式。
2. 能准确对土石方工程进行计量，并正确界定所属范畴。
3. 正确设置土石方工程量清单项目。

■ 素质目标

1. 培养良好的沟通能力和团队协作能力。
2. 具有诚实守信、爱岗敬业、奉献精神的品格。
3. 培养自我学习、实践动手和分析处理问题的能力。

■ 学习要点

1. 涉及土石方工程，首先要界定其范畴，如果是安装工程，那么土石方属于建筑工程范畴；如果是管道敷设在市政道路下面，那么土石方属于市政范畴。
2. 加强对公式选用的理解训练，既要根据施工图纸给出的管道敷设深度，又要参考施工方案。
3. 训练善于通过有效途径利用有效工具获取有效数据的能力，如 H、a、c、K、L 等参数的获取。
4. 项目特征描述要详尽、全面。

[训前导学]

1.4.1　土石方工程计量

管沟土石方量
计量

1. 挖沟土方量计算

沟槽、基坑、一般土石方的划分：底宽（设计图示垫层或基础的底宽，下同）≤7 m，且底长>3 倍底宽为沟槽；底长≤3 倍底宽，且底面积≤150 m² 为基坑；超出上述范围，又非平整场地的，为一般土石方。

涉及土石方应根据系统图上的管道埋深来判断计算挖方量所用的公式，挖沟槽放坡示意图如图 1.4.1 所示。

计算挖土石方的公式有以下三种情况：

① 埋管标高未超过起坡点，可以不放坡、不放挡土板，采用的计算公式为

$$V=H(a+2c)\,L \tag{1.4.1}$$

② 埋管标高超过起坡点，可以放坡，采用的计算公式为

$$V=H(a+2c+KH)\,L \tag{1.4.2}$$

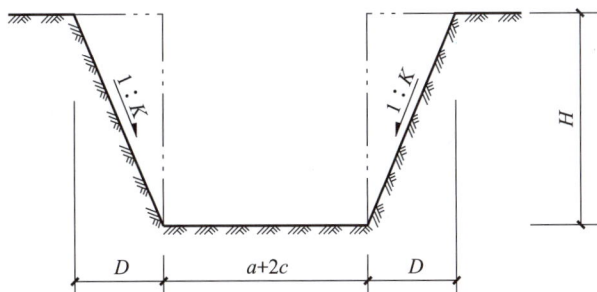

图 1.4.1　放坡示意图

放坡系数 $K = D/H$

放坡坡度 $= H : D = 1 : D/H = 1 : K$

③ 埋管标高超过起坡点，需要放坡，但施工现场没有条件放坡，只能采用挡土板，采用的计算公式为

$$V = H(a + 0.2 + 2c)L \tag{1.4.3}$$

式中　V——挖土体积，m^3；

　　　L——地沟长度，m；

　　　a——管道结构宽度，m；

　　　c——工作面宽度/m，见表 1.4.1 和表 1.4.3；

　　　0.2——两边挡土板的厚度，m；

　　　H——挖土深度，m；

　　　K——放坡系数，见表 1.4.2 和表 1.4.4；

　　　D——放坡宽度，m。

本书按照 2019 版黑龙江省建设工程计价依据《通用安装工程消耗量定额》中的规定执行，公式（1.4.1）~（1.4.3）中具体参数用表如下。

（1）若管道施工属于安装工程范畴

涉及土石方工程需与建筑工程相配套，则管道施工单面工作面宽度和放坡系数确定分别见表 1.4.1、表 1.4.2。

表 1.4.1　管道施工单面工作面宽度计算　　　　　　　单位：mm

管道材质	管道基础外沿宽度（无基础时管道外径）			
	≤500	≤1000	≤2500	>2500
混凝土及钢筋混凝土管道	400	500	600	700
其他材质管道	300	400	500	600

表 1.4.2　土石方放坡起点深度和放坡坡度

土壤类别	放坡起点深度/m	放坡坡度			
		人工挖土	机械挖土		
			坑内作业	坑上作业	沟槽
一、二类土	1.20	1：0.50	1：0.33	1：0.75	1：0.50

续表

土壤类别	放坡起点深度/m	放坡坡度			
		人工挖土	机械挖土		
			坑内作业	坑上作业	沟槽
三类土	1.50	1:0.33	1:0.25	1:0.67	1:0.33
四类土	2.00	1:0.25	1:0.10	1:0.33	1:0.25

注：① 混合土质的基础土方，其放坡的起点深度和放坡坡度，按不同土类厚度加权平均计算。
② 计算基础土方放坡时，不扣除放坡交叉处的重复工程量。

（2）若管道施工属于市政工程范畴

坑、槽底加宽应按设计文件的数据或图纸尺寸计算，设计文件未明确的按施工组织设计的数据或图纸尺寸计算；设计文件未明确也无施工组织设计的，可参考表1.4.3计算。

表 1.4.3   坑、槽底部每侧工作面宽度   单位：cm

管道结构宽度	混凝土管道		金属管道	构筑物	
	基础90°	基础>90°		无防潮层	有防潮层
50 以内	40	40	30	40	60
100 以内	50	50	40		
250 以内	60	50	40		
250 以上	70	60	50		

注：管道结构宽度，无管座按管道外径计算，有管座按管道基础外缘计算，构筑物按基础外缘计算，如设挡土板则每侧增加15 cm。

而挖土放坡应按设计文件的数据或图纸尺寸计算，设计文件未明确的按施工组织设计的数据或图纸尺寸计算；设计文件未明确也无施工组织设计的，可参考表1.4.4计算。

表 1.4.4   土石方放坡起点深度和放坡坡度

土壤类别	放坡起点深度/m	放坡坡度			
		人工挖土	机械挖土		
			沟槽、坑内作业	沟槽、坑边作业	顺沟槽方向坑上作业
一、二类土	1.20	1:0.50	1:0.33	1:0.75	1:0.50
三类土	1.50	1:0.33	1:0.25	1:0.67	1:0.33
四类土	2.00	1:0.25	1:0.10	1:0.33	1:0.25

注：基础土石方放坡，自基础（含垫层）底标高算起，如在同一断面内遇不同类土壤，其放坡系数可按各类土占全部深度的百分比加权计算。

2. 回填土及余土外运计算

（1）沟槽、基坑回填计算公式

$$回填土体积 = 挖方体积 - 设计室外地坪以下埋设的砌筑量 \qquad (1.4.4)$$

（2）管道沟槽回填计算公式

$$回填土体积 = 挖方体积 - 管道基础 - 管道所占体积 \qquad (1.4.5)$$

管道折合回填体积如表1.4.5所示。

表 1.4.5　管道折合回填体积　　　　　单位：m^3/m

管道	公称直径/mm					
	≤500	≤600	≤800	≤1000	≤1200	≤1500
混凝土管及钢筋混凝土管道	—	0.33	0.6	0.92	1.15	1.45
其他材质管道	—	0.22	0.46	0.74	—	—

注：管道沟槽回填，按挖方体积减去管道基础和管道折合回填体积计算。管径在500 mm以下（包括500 mm）的不扣除管道所占体积；管径超过500 mm时，应减去其所占的体积，每米长应减去的数量可按本表的规定计算。

（3）余土外运计算公式

$$余土外运体积 = 挖方总体积 - 回填土体积 \qquad (1.4.6)$$

1.4.2　土石方工程清单设置

《房屋建筑与装饰工程计量规范》（GB 50854—2013）中附录A是针对土石方工程的工程量清单项目。土石方工程清单项目的设置应依据计量规范的规定进行编制，与本案例相关的清单项目如表1.4.6和表1.4.7所示。

表 1.4.6　土石方工程（编码：010101）

项目编码	项目名称	项目特征	计量单位	工程量计算规则	工作内容
010101002	挖一般土石方	1. 土壤类别 2. 挖土深度	m^3	按设计尺寸以体积计算	1. 排地表水 2. 土石方开挖 3. 围护（挡土板）、支撑 4. 基底钎探 5. 运输
010101003	挖沟槽土石方			1. 房屋建筑按设计图示尺寸以基础垫层底面积乘以挖土深度计算	
010101004	挖基坑土石方			2. 构筑物按最大水平投影面积乘以挖土深度（原地面平均标高至坑底高度）以体积计算	

注：① 挖土应按自然地面测量标高至设计地坪标高的平均厚度确定。土石方体积应按挖掘前的天然密实体积计算。

　　② 沟槽、基坑、一般土石方的划分为：底宽≤7 m，底长>3倍底宽为沟槽；底长≤3倍底宽、底面积≤150 m^2 为基坑；超出上述范围则为一般土石方。

　　③ 挖沟槽、基坑、一般土石方因工作面和放坡增加的工程量（管沟工作面增加的工程量），是否并入各土石方工程量中，按各省、自治区、直辖市或行业建设主管部门的规定实施。

表 1.4.7　回填（编码：010103）

项目编码	项目名称	项目特征	计量单位	工程量计算规则	工作内容
010103001	回填方	1. 密实度要求 2. 填方材料品种 3. 填方粒径要求 4. 填方来源、运距	m³	按设计尺寸以体积计算 1. 场地回填：回填面积乘平均回填厚度 2. 室内回填：主墙间面积乘回填厚度，不扣除间隔墙 3. 基础回填：挖方体积减去自然地坪以下埋设的基础体积（包括基础垫层及其他构筑物）	1. 运输 2. 回填 3. 压实
010103002	余方弃置	1. 废弃料品种 2. 运距		按挖方清单项目工程量减利用回填方体积（正数）计算	余方点装料运输至弃置点

注：① 填方密实度要求，在无特殊要求情况下，项目特征可描述为满足设计和规范的要求。

② 填方材料品种可以不描述，但应注明由投标人根据设计要求验方后方可填入，并符合相关工程的质量规范要求。

③ 填方粒径要求，在无特殊要求情况下，项目特征可以不描述。

[训中探析]

1.4.3　案例分析

案例1：完成室内给水工程土石方计量

任务描述：本案例为黑龙江省某农村节能住宅 B2-给水工程，所用的施工图样为图 1.1.2～图 1.1.4，应按照 2019 版黑龙江省建设工程计价依据《通用安装工程消耗量定额》中的工程量计算规则，以及设计文件中的工程内容、设计总说明及定额解释等执行任务。

任务布置：根据本案例所给的施工图样图 1.1.2～图 1.1.4，结合定额对土石方量进行计量，并将结果汇总。

计算过程：以室内给水工程土石方量为例，其手工计算过程如下：

1. 界定是否放坡，确定计算公式

如图 1.1.4 所示，本案例管道埋深有两种情况：

（1）生活给水引入管：从室外土壤冰冻线以下 200 mm 进入，假设项目所在地为一、二类土，冰冻线为 -1.80 m，则给水进户管埋深为 -2.0 m。而 2.0 m>1.2 m，所以，在不采取任何措施的情况下，需要放坡，其计算公式如下：

$$V = H(a+2c+KH)L$$

（2）给水干管：从图中可以看出，干管在地下埋深 -0.3 m 处铺设，0.3 m< 1.2m，所以不需要放坡，其计算公式如下：

$$V = H(a+2c)L$$

图纸
某农村节能住宅
B2-给水工程

2. 确定公式中各参数

（1）直埋铺设管道 dn32　　$L_{-2.0}=(1.50+0.30+0.10)\text{ m}\times2\,(两单元)=3.80\text{ m}$

$$L_{-0.3}=(3.444+2.943+1.230+2.463+0.520+3.253)\text{ m}\times2\,(单元)$$
$$=27.71\text{ m}$$

直埋铺设管道 dn25　　$L_{-0.3}=(2.290+0.267)\text{ m}\times2\,(两单元)=5.114\text{ m}$

直埋铺设管道 dn20　　$L_{-0.3}=(2.353+1.586+0.952+0.265)\text{ m}\times2\,(两单元)=10.312\text{ m}$

（2）沟底宽。由于本案例 PP-R 管管径均小于 50 mm，因此管道所占宽度可忽略不计，且属于安装工程范畴，所以查表 1.4.1 得出每侧工作面宽度为 300 mm，两侧则为 600 mm，即 $a+2c=600$ mm。

（3）放坡系数。由于管道长度较短，且本案例属于安装工程范畴，按照人工挖方量计算即可，查表 1.4.2 得出一、二类土 $K=0.50$。

3. 计算土石方开挖与回填工程量

在计算土石方开挖量时可以按照管径不同分别顺序进行：

（1）PP-R 管 dn32　　$V_{-2.0}=H(a+2c+KH)L=2.0\text{ m}\times(0.60+0.5\times2.0)\text{ m}\times3.80\text{ m}=12.16\text{ m}^3$

$$V_{-0.3}=H(a+2c)L=0.3\text{ m}\times0.60\text{ m}\times27.71\text{ m}=4.98\text{ m}^3$$

（2）PP-R 管 dn25　　$V_{-0.3}=H(a+2c)L=0.3\text{ m}\times0.60\text{ m}\times5.114\text{ m}=0.92\text{ m}^3$

（3）PP-R 管 dn20　　$V_{-0.3}=H(a+2c)L=0.3\text{ m}\times0.60\text{ m}\times10.312\text{ m}=1.856\text{ m}^3$

成果展示： 本案例土石方工程计量最终任务成果见表 1.4.8。

表 1.4.8　工程量计算表

工程名称：某农村节能住宅 B2-给水工程　　　　　　　　　　　　　　第 1 页　共 1 页

序号	项目名称	工程量计算式	单位	数量	备注
1	土石方开挖				
	-2.0m 处	$2.0\times(0.60+0.5\times2.0)\times3.80$	m^3	12.16	
	-0.3m 处	$0.3\times0.60\times27.71+0.3\times0.60\times$ $5.114+0.3\times0.60\times10.312$	m^3	7.765	
2	回填土	$12.16+4.988+0.921+1.856$	m^3	19.925	由于本案例挖方土全部回填，因此挖方量等于回填量

案例 2：完成室内给水工程土石方清单设置

任务描述： 本案例为黑龙江省某农村节能住宅 B2-给水工程，其土石方工程清单设置，需依据上述所给设计文件和《房屋建筑与装饰工程计量规范》中的相关规定进行编制。

任务布置： 根据上述土石方工程工程量计算结果，请完成室内给水工程土石方清单项目设置，并形成工程量清单列表。

清单项目设置过程： 以本案例室内给水工程-2.0 m 处挖沟槽土石方为例，清单项目设置思维及过程如下：

（1）项目编码

由表 1.4.6 得知挖沟槽土石方前九位清单编码为 010101003，后三位自编码从 001 编起，所以本案例挖沟槽土石方的十二位项目编码为：010101003001。

（2）项目名称

根据表1.4.6规定，本案例项目名称为：挖沟槽土石方。

（3）项目特征描述

由表1.4.6可知，针对挖沟槽土石方的项目特征方向指引为：① 土壤类别；② 挖土深度。因此，结合本案例特点，清单项目具体特征描述如下：

---

1. 土壤类别：一、二类土
2. 挖土深度：2.0 m
3. 弃土运距：运输距离为 10 km

（4）计量单位

根据表1.4.6规定，计量单位为"m^3"。

（5）工程量

根据上面计算结果，−2.0m 处挖沟槽土石方的工程量为：12.16。

综上所述，清单编制五要素全部设置完成后，−2.0m 处挖沟槽土石方清单项目设置见表1.4.9。

表 1.4.9   分部分项工程量清单表

工程名称：某农村节能住宅 B2−给水工程   第 1 页   共 1 页

项目编码	项目名称	项目特征描述	计量单位	工程量
010101003001	挖沟槽土石方	1. 土壤类别：一、二类土 2. 挖土深度：2.0 m 3. 弃土运距：运输距离为 10 km	m^3	12.16

说明：本案例中其他项目清单设置方法同上。

成果展示：本案例土石方工程量清单项目设置最终任务成果列表见表1.4.10。

表 1.4.10   分部分项工程量清单表

工程名称：某农村节能住宅 B2−给水工程   第 1 页   共 1 页

项目编码	项目名称	项目特征描述	计量单位	工程量
010101003001	挖沟槽土石方	1. 土壤类别：三类 2. 挖土深度：2.00 m 3. 弃土运距：运输距离为 10 km	m^3	12.16
010101003002	挖沟槽土石方	1. 土壤类别：三类 2. 挖土深度：0.30 m 3. 弃土运距：运输距离为 10 km	m^3	7.765
010103001001	回填方	1. 密实度要求：符合规范要求 2. 填方运距：50 m	m^3	19.925

❖ **每课寄语**

有位哲人曾经说过"只有奉献的人，才能做伟大的事情。即使平凡，也蕴藏着一种可贵的精神"。土石方工程初始学习中参数的处理和范畴的界定需要大家协同完成，合作过程中要本着认真负责的工作态度，脚踏实地地把自己擅长的做到极致，不计较个人得失，成就更好的自己。

　　说起奉献精神，建筑行业具有这种精神的前辈数不胜数。我们熟知的林徽因与梁思成都是我国优秀的建筑学家。当年，他们为了我国的建筑事业，跑遍大江南北去保护古建筑，去进行测绘考察，倾其最大能力去保护古建筑不被拆除。现如今看来，他们的做法无疑是有功于后人的，为我们研究古代建筑，发现古代建筑之美提供了真实可靠的价值。我们这个时代正需要这种可贵的奉献精神。

［训后拓展］

1.4.4　实操训练

1. 任务描述

该项目为黑龙江省某农村节能住宅 B2-排水工程，所用的施工图样为生活排水系统图（图 1.1.5）、一层排水平面图（图 1.1.6）、二层排水平面图（图 1.1.7）。

2. 任务要求

根据上述项目所给的条件，分别完成以下 2 个实操训练任务：

（1）依据施工图样完成该项目土石方工程计量，并将任务成果填写在表 1.4.11 中。

（2）根据上述（1）计算出的工程量，完成该项目土石方工程清单项目的设置，并将任务成果填写在表 1.4.12 中。

图纸
某农村节能住宅
B2-排水工程

任务1.4
实操训练答案

表 1.4.11　工程量计算表

工程名称：　　　　　　　　　　　　　　　　　　　　第　页　共　页

序号	项目名称	计算式	计量单位	工程量

班级：　　　　　　姓名：　　　　　　日期：　　　　　　审阅：　　　　　　成绩：

表 1.4.12　分部分项工程量清单表

工程名称：

序号	项目编码	项目名称	项目特征描述	计量单位	工程量

班级：　　　　姓名：　　　　日期：　　　　审阅：　　　　成绩：

任务 1.5 综合单价构成及组价

■ **学习目标**

1. 掌握工程计价相关概念。
2. 熟悉综合单价构成及组价方法。
3. 能准确运用工程量清单计价规范。
4. 具备综合单价正确组价能力。

■ **素质目标**

1. 学会依法、依规办事。
2. 注重培养工作细节。

■ **学习要点**

1. 弄清、弄透工程计价相关概念，理解其含义。
2. 掌握综合单价正确组价方法，注重项目特征描述的分析。
3. 提升正确计算定额量的能力及组价能力。

[训前导学]

1.5.1 计价费用相关概念

2019 版黑龙江省建设工程计价依据《建筑安装工程费用定额》对建筑安装工程费用按照构成要素划分为人工费、材料费（包含工程设备费）、施工机具使用费、企业管理费、利润和税金，并对其相关概念给出了明确的定义。

1. 人工费

人工费是指按工资总额构成规定，支付给从事建筑安装工程施工的生产工人和附属生产单位工人的各项费用。

2. 材料费

材料费是指施工过程中耗费的原材料、辅助材料、构配件、零件、半成品或成品、工程设备的费用。

3. 施工机具使用费

施工机具使用费是指施工作业所发生的施工机具、仪器仪表使用费或其租赁费。

4. 企业管理费

企业管理费是指建筑安装企业组织施工生产和经营管理所需的费用。

5. 利润

利润是指施工企业完成所承包工程获得的盈利。

6. 规费

规费是指按国家法律、法规规定，由省级政府和省级有关权力部门规定必须缴纳或计取的费用，包括社会保险费、住房公积金、工程排污费等。

7. 税金

税金是指国家税法规定应计入建筑安装工程造价内的增值税。

1.5.2　工程量、定额量与清单量

1. 工程量

工程量是指以自然的或物理的计量单位所表示的各分项工程的实物量。自然计量单位是指可以盘点的以分项工程项目本身自然组成情况来表示的工程数量。如台、套、组、个、只、系统、块等；而物理量单位是指按法定计量单位度量所表示的工程数量。如长度、面积、体积和质量等。

2. 定额量

定额量是指考虑不同施工方法和加工余量的施工过程实际数量。一般包括实体工程中实际用量和损耗量，受施工方法、环境、地质等影响较大。如土石方工程中的挖基坑土石方，按定额子目计算规则要按实际开挖量计算，考虑放坡及工作面增加的开挖量，即包含为满足施工工艺要求而增加的加工余量。

3. 清单量

清单量是指以实体安装就位的净尺寸或按各省、自治区、直辖市或行业建设主管部门的规定计算的工程数量。清单工程量一般都是按图纸计算工程实体消耗的实际净用量，如土石方工程中的挖基坑土石方，按计量规范的规定，是按图示尺寸数量计算的净量，不包括放坡及工作面等的开挖量，一般情况下清单工程量小于或等于定额工程量。分部分项工程量清单中所列工程量是按《计价规范》附录中规定的工程量计算规则计算的。

1.5.3　我国造价行业计价模式

我国现在计价的两种模式为传统的定额计价与现行的清单计价。定额计价是"量价合一，固定取费"，即"工料机单价"计价法；清单计价是"企业自主报价，市场形成价格"，即"综合单价"计价法。

1. 定额计价模式

我国早在20世纪50年代起就开始推行定额计价模式。在计划经济体制下，国家为了控制投资，将消耗量定额和产品单价合并起来，建筑工程项目或建筑产品实行"量价合一、固定取费"的政府指令性计价模式，即定额预算计价法。这种方法按预算定额规定的分部分项子目，逐项计算工程量，套用定额单价（或单位估价表）确定直接费，然后按规定的取费标准计算其他直接费、现场经费、间接费、利润、税金、材料价差和适当的不可预见费，经汇总即成为工程预算价，用作标底和投标报价。

2. 工程量清单计价模式

工程量清单计价方法是在建设工程招投标中，招标人按照国家统一的工程量计算规则提供工程数量，由投标人依据工程量清单自主报价，并按照经评审低价中标的工程造价计价方式。

以招标人提供的工程量清单为平台，投标人根据自身的技术、财务、管理能力进行投标报价，招标人根据具体的评标细则进行优选，这种计价方式是市场定价体系的具体表现形式。

1.5.4 直接工程费组成分析

单位工程的直接工程费是构成工程实体所必需的人工费、材料费和施工机具使用费的总和。在2019版黑龙江省建设工程计价依据中，直接工程费可以归类为实体部分费用和措施部分费用。

1. 实体部分费用

实体部分费用是指可以准确计算出工程量的那部分定额直接费。具体计算如下。

（1）定额中分部分项子目项基价

$$分部分项子目项基价 = 人工费 + 材料费 + 施工机具使用费 \quad (1.5.1)$$

其中：

$$人工费 = \sum(定额人工消耗量 \times 定额日工资单价) \quad (1.5.2)$$

$$材料费 = \sum(定额材料消耗量 \times 材料预算单价) \quad (1.5.3)$$

$$施工机具使用费 = \sum(定额施工机具台班消耗量 \times 施工机具台班单价) \quad (1.5.4)$$

（2）定额中的未计价材料

未计价材料是指在定额中只规定了名称、规格、品种和消耗量，而未计入价值的材料。即定额内带有"（　）"的材料。

$$未计价主材费 = 图示工程量 \times (1 + 材料损耗率) \times 未计价材料价格$$

$$或 = 分项工程量 \times 定额括号内数量 \times 未计价材料价格 \quad (1.5.5)$$

（3）计算分项工程定额直接费

$$分项工程定额直接费 = \sum(分部分项子目项基价 + 未计价材料价格) \times 分项工程量$$

$$= \sum(人工单价 + 材料单价 + 施工机具单价 + 未计价材料价格) \times$$
分项工程量

$$= \sum(人工费 + 材料费 + 施工机具台班费 + 未计价主材费)$$

$$(1.5.6)$$

2. 措施部分费用

措施部分费用是指定额计价中按规定系数计取的定额直接费，也就是无法准确计算出工程量的那部分定额直接费，在定额中以措施部分费用形式表现，若实际发生应按规定计取，其费用并入分项工程直接工程费中。具体计取系数参照定额说明中的规定，措施部分费用名称见表1.5.1。

表 1.5.1 措施部分费用明细列表

序号	费用名称
一	脚手架费
二	系统调整费
三	建筑物超高增加费

微课

实体部分费用

微课

措施部分费用

续表

序号	费用名称
四	操作高度增加费
五	垂直运输（垂直运距）
六	在地下室内进行安装的工程
七	在地下室内（含地下车库）、暗室内、净高小于1.6 m楼层、断面小于4 m²且大于2 m²隧道或洞内进行安装的工程
八	在管井内、竖井内、断面小于或等于2 m²隧道或洞内、封闭吊顶天棚内进行安装的工程（竖井内敷设电缆项目除外）
九	厂区外1 km至10 km以内的管道安装项目
十	整体封闭式地沟的管道施工
十一	在洞库、暗室，在已封闭的管道间（井）、地沟、吊顶内安装的项目

1.5.5 综合单价组价分析

微课

综合单价组价分析

1. 综合单价含义

综合单价是指完成一个规定清单项目所需的人工费、材料费和工程设备费、施工机具使用费和企业管理费、利润，以及一定范围内的风险费用。我国在现行清单计价模式下，采用的就是这种综合单价计价。

2. 综合单价计算公式

$$综合单价=清单项目施工费用/清单工程量 \qquad (1.5.7)$$

其中，清单项目施工费用具体计算原则和方法如下：

$$清单项目施工费用=人工费+材料费和工程设备费+施工机具使用费$$
$$+企业管理费+利润+风险费 \qquad (1.5.8)$$

上述公式中各费用计算如下：

（1）人工费、材料费、施工机具使用费

$$人工费/材料费/施工机具使用费=工程量×（人/材/机）单价 \qquad (1.5.9)$$

式（1.5.9）中工程量是按照2019版黑龙江省建设工程计价依据计算的定额工程量，亦称为实际施工工程量。

（2）企业管理费

$$企业管理费=计算基数×企业管理费费率 \qquad (1.5.10)$$

（3）利润

$$利润=计算基数×利润率 \qquad (1.5.11)$$

注：公式（1.5.10）、（1.5.11）中计算基数在2019版黑龙江省建设工程计价依据中是指普工以95元/工日，技工以122元/工日为计费基础的计费人工费总和。

（4）风险费

风险费是指一定范围的风险费用，包括材料风险费和机具风险费，根据实际情况按一定比例计算，费率取5%。

3. 综合单价计算程序

按照《计价规范》第3.1.2条的规定，"分部分项工程和措施项目清单应采用综合单价计价"。以2019版黑龙江省建设工程计价依据《通用安装工程消耗量定额》为例，"营改增"后的分部分项工程（定额措施项目）综合单价计算程序如表1.5.2所示。

表1.5.2 分部分项工程综合单价计算程序

序号	费用名称	计算式	备注
1	计费人工费	∑工日消耗量×计费人工单价	普工：95元/工日；技工：122元/工日
2	人工费价差	∑[工日消耗量×(合同约定或省建设行政主管部门发布的人工单价−计费人工单价)(±)]	
3	材料费	∑[材料消耗量×材料单价(含材料价格风险)]	
4	材料费价差	∑[材料价格价差(±)×材料消耗量]	
5	机具费	∑[机具消耗量×台班单价(含施工机具价格风险)]	
6	机具工价差	∑[(合同约定或省建设行政主管部门发布的机械工单价−机械工单价)(±)×机具消耗量]	
7	机具燃料动力费价差	∑[机具燃料动力价格差价(±)×机具消耗量]	
8	企业管理费	1×费率	费率：10%~14%
9	利润	1×费率	费率：10%~22%
10	综合单价	1+2+3+4+5+6+7+8+9	

1.5.6 工程计价表格

1. 工程计价表格组成

《计价规范》规定，工程量清单与计价宜采用统一格式，工程计价表格组成见表1.5.3。表格具体内容见《计价规范》。

表1.5.3 工程计价表格组成

工程计价表格组成	表格名称	表号
封面	工程量清单	封−1
	招标控制价	封−2
	投标总价	封−3
	竣工结算总价	封−4
总说明		表−01
汇总表	建设项目招标控制价（投标报价）汇总表	表−02
	单项工程招标控制价（投标报价）汇总表	表−03
	单位工程招标控制价（投标报价）汇总表	表−04
	建设项目竣工结算汇总表	表−05

续表

工程计价表格组成	表格名称	表号
	单项工程竣工结算汇总表	表-06
	单位工程竣工结算汇总表	表-07
分部分项工程量清单表	分部分项工程和单价措施项目清单与计价表	表-08
	综合单价分析表	表-09
	综合单价调整表	表-10
措施项目清单表	总价措施项目清单与计价表	表-11
其他项目清单表	其他项目清单与计价汇总表	表-12
	暂列金额明细表	表-12-1
	材料（工程设备）暂估单价及调整表	表-12-2
	专业工程暂估表	表-12-3
	计日工表	表-12-4
	总承包服务费计价表	表-12-5
	索赔与现场签证计价汇总表	表-12-6
	费用索赔申请（核准）表	表-12-7
	现场签证表	表-12-8
规费、税金项目计价表		表-13
工程计量申请（核准）表		表-14

2. 综合单价分析表

（1）在工程计价表格中，带定额子目综合单价分析表（一）见表 1.5.4。

表 1.5.4   综合单价分析表（一）

工程名称：　　　　　　　　　　标段：　　　　　　　　　　第　页　共　页

项目编码		项目名称		计量单位	

清单综合单价组成明细

定额编号	定额名称	定额单位	数量	单价				合价			
				人工费	材料费	施工机具使用费	企业管理费和利润	人工费	材料费	施工机具使用费	企业管理费和利润
人工单价			小计								
元/工日			未计价材料费								
清单项目综合单价											

续表

材料费明细	主要材料名称、规格、型号	单位	数量	单价/元	合价/元	暂估单价/元	暂估合价/元
	其他材料费			—		—	
	材料费小计			—		—	

注：① 如不使用省级或行业建设主管部门发布的计价依据，可不填定额项目、编号等。

② 招标文件提供了暂估单价的材料，按暂估的单价填入表内"暂估单价"栏及"暂估合价"栏。

（2）在工程计价表格中，不带定额子目综合单价分析表（二）见表1.5.5。

表1.5.5 综合单价分析表（二）

工程名称：　　　　　　　　　标段：　　　　　　　　　第 页 共 页

序号	项目编码	项目名称	项目特征	工程量	单位	综合单价组成/元				综合单价	合价
						人工费	材料费	施工机具使用费	企业管理费和利润		

［训中探析］

1.5.7 案例分析

案例：完成室内给水工程综合单价组价

任务描述： 本案例为黑龙江省某农村节能住宅 B2-给水工程，所用的施工图样为图 1.1.2～图 1.1.4 及表 1.3.7、表 1.4.10 所列清单项目，参照黑龙江省年终结算文件将普工调增至 100 元/工日，技工调增至 140 元/工日，材料和机具风险费费率均按 5%计算，企业管理费费率和利润率均取上限，主要材料价格按黑龙江省建设工程造价信息（2022.10）的材料信息价计取，材料信息价中没有列出的按现行市场价格计取，依托 2019 版黑龙江省建设工程计价依据《通用安装工程消耗量定额》及计价软件等执行任务。

任务布置： 根据本案例所给的施工图样图 1.1.2～图 1.1.4，结合定额对给水工程各清单项目进行综合单价组价，并将计价软件计算表格输出。

计算过程： 以室内给水工程 031001006001 塑料管为例，分析此清单项目综合单价组价过程及本质含义。

图纸

某农村节能住宅
B2-给水工程

录屏

给水工程综合
单价组价软件
操作

解：根据清单项 031001006001 塑料管的项目特征描述可知，此项目既包含塑料管 dn32 的本体安装（安装量为 38.50 m），又包含成品管卡、管道消毒冲洗等工作内容，因此，需确定好成品管卡量、消毒冲洗量及未计价主材量。

（1）由表 1.3.5 得知

塑料管 dn32　38.50 m

成品管卡 dn32　43 个

管道消毒冲洗 dn32　38.50 m

（2）根据定额表的材料明细表，查得未计价主材量如下：

塑料管 dn32　10.16 m/10 m×38.50 m＝39.116 m

塑料给水管件 dn32　10.81 个/10 m×38.50 m＝41.6185 个

可调式管卡 dn32　1.05 套/个×43 个＝45.15 套

（3）根据黑龙江省建设工程造价信息（2022.10）的材料信息，查得未计价主材价格如下：

PP-R 管 dn32　11.76 元/m

PP-R 给水管件 dn32　3.83 元/个

可调式管卡 dn32　6 元/套

（4）清单项下的定额量计算完成后，利用计价软件查询定额配套相关子目项，可以得出人工费合价、材料费合价、机械费合价，以表格形式计算，见表 1.5.6。

表 1.5.6　分部分项工程计价表

序号	定额编号	分部分项工程名称	工程量		价值		其中/元					
			计量单位	数量	定额基价	总价	人工费		材料费		施工机具使用费	
							单价	金额	单价	金额	单价	金额
1	10-1-333	室内塑料给水管（热熔连接）公称外径（mm 以内）32	10m	3.85	123.91	477.05	121.4	467.39	2.39	9.2	0.12	0.46
	主材	PP-R 管 dn32	m	39.116	11.76	460			11.76	460		
	主材	室内塑料给水管件 De32	个	41.6185	3.83	159.40			3.83	159.40		
2	10-12-4	成品管卡安装 公称直径（mm 以内）32	个	43	1.93	82.99	1.15	49.45	0.78	33.54		
	主材	可调式管卡 dn32	套	45.15	6	270.90			6	270.90		
3	10-12-131	管道消毒、冲洗公称直径（mm 以内）32	100m	0.385	48.18	18.55	45.43	17.49	2.75	1.06		
		合　计	元			1468.88		534.33		934.09		0.46

（5）从表1.5.6可知，此清单项人工费合价为534.33元，人工费组成由计价软件中人工表可知，其具体组成见表1.5.7。

表 1.5.7 人工费组成

编码	名称	单位	数量	不含税预算价/元	不含税市场价/元	不含税市场价合计/元
RG0001	普工	工日	3.5123	95	95	333.67
RG0002	技工	工日	1.6458	122	122	200.79

（6）从表中可知，此清单项普工工日消耗量为3.5123工日，技工为1.6458工日，由于本项目普工调增至100元/工日，技工调增至140元/工日，因此，人工价差计算如下：

普工价差＝（100−95）元/工日×3.5123工日＝17.56元

技工价差＝（140−122）元/工日×1.6458工日＝29.62元

所以，总人工价差＝17.56元+29.62元＝47.18元

（7）由上述（4）中表1.5.6可知，该项目材料合价为934.09元，机具费合价为0.46元。所以，

材料风险费＝934.09元×5%＝46.70元

机具风险费＝0.46元×5%＝0.023元

（8）根据2019版黑龙江省建设工程计价依据《建筑安装工程费用定额》，企业管理费费率上限为14%，利润率上限为22%。所以，

企业管理费＝534.33元×14%＝74.81元

利润＝534.33元×22%＝117.55元

（9）综合单价＝（1468.88+47.18+46.70+0.023+74.81+117.55）元÷38.50 m＝45.58元/m

小结：① 本案例中采用的是增值税计税方式，即"价税分离"。

② 需要注意的是表中材料单价、机具单价均为不含税价格。

③ 以普工95元/工日，技工122元/工日为企业管理费与利润的计费基数。

④ 主材价格也为不含税市场价格。

成果展示：本案例室内给水工程031001006001塑料管最终任务成果如下。

（1）综合单价分析表（一）如表1.5.8所示。

表 1.5.8 综合单价分析表（一）

工程名称：黑龙江省某农村节能住宅 B2-给水工程　　　　标段：　　　　　　第1页　共1页

项目编码	031001006001	项目名称	塑料管	计量单位	m	工程量	38.50

清单综合单价组成明细

定额编号	定额项目名称	定额单位	数量	单价/元				合价/元			
				人工费	材料费	施工机具使用费	企业管理费和利润	人工费	材料费	施工机具使用费	企业管理费和利润
10-1-333	室内塑料给水管（热熔连接）公称外径（mm以内）32	10m	0.1	132.06	163.27	0.12	43.71	13.21	16.33	0.01	4.37

续表

项目编码	031001006001	项目名称	塑料管	计量单位	m	工程量	38.50

清单综合单价组成明细

定额编号	定额项目名称	定额单位	数量	单价/元				合价/元			
				人工费	材料费	施工机具使用费	企业管理费和利润	人工费	材料费	施工机具使用费	企业管理费和利润
10-12-4	成品管卡安装公称直径（mm以内）32	个	1.1169	1.26	7.08		0.41	1.41	7.91		0.46
10-12-131	管道消毒、冲洗公称直径（mm以内）32	100 m	0.01	49.42	2.75		16.35	0.49	0.03		0.16
人工单价			小计					15.11	24.27	0.01	4.99
技工140元/工日；普工100元/工日			未计价材料费					23.12			
清单项目综合单价								45.58			

主要材料名称、规格、型号	单位	数量	单价/元	合价/元	暂估单价/元	暂估合价/元
热轧厚钢板 δ8.0~15	kg	0.0034	3.82	0.01		
橡胶板 δ1~3	kg	0.0008	28.58	0.02		
六角螺栓	kg	0.0004	6.42			
乙炔气	kg	0.0001	15.06			
水	m³	0.0073	5.04	0.04		
电	kW·h	0.1539	0.77	0.12		
铁砂布	张	0.007	1.06	0.01		
锯条（各种规格）	根	0.0183	0.44	0.01		
螺纹阀门 DN20	个	0.0004	85	0.03		
压力表弯管 DN15	个	0.0002	12.39			
焊接钢管 DN20	m	0.0015	6.73	0.01		
橡胶软管 DN20	m	0.0007	8.04	0.01		
弹簧压力表 Y-100 0~1.6MPa	块	0.0002	23.01			
其他材料费	元	0.0223	1	0.02		
膨胀螺栓 M8	套	1.1504	0.58	0.67		
冲击钻头 φ12	个	0.0168	10.62	0.18		
漂白粉（综合）	kg	0.0006	2.66			
PP-R管冷水管 PN1.25MPa De32×2.9	m	1.016	11.76	11.95		
室内塑料给水管件 De32	个	1.081	3.83	4.14		
可调式管卡32 PP-R 管件	套	1.1727	6	7.04		
其他材料费				—		—
材料费小计				—	24.26	—

注：① 如不使用省级或行业建设主管部门发布的计价依据，可不填定额编码、名称等。
　　② 招标文件提供了暂估单价的材料，按暂估的单价填入表内"暂估单价"栏及"暂估合价"栏。

本案例其他建筑给水分项工程清单项目综合单价分析表由计价软件计算得出，其最终成果可扫描二维码参考学习。

（2）将本案例给水工程全部清单项目综合单价成果填入不带子目的综合单价分析表（二）中，如表1.5.9所示。

黑龙江省某农村节能住宅B2-给水工程综合单价分析表

表 1.5.9 综合单价分析表（二）

工程名称：黑龙江省某农村节能住宅 B2-给水工程　　　　标段：　　　　　　第1页　共1页

序号	项目编码	项目名称	项目特征	工程量	单位	综合单价组成/元				综合单价/元	合价/元
						人工费	材料费	施工机具使用费	企业管理费和利润		
1	031001006001	塑料管	1. 安装部位：室内 2. 介质：给水 3. 材质、规格：PP-R32 4. 连接形式：热熔 5. 其他：成品管卡 6. 压力试验及吹、洗设计要求：水压试验、水冲洗、消毒冲洗等	38.50	m	13.88	24.26	0.01	4.99	45.58	
2	031001006002	塑料管	1. 安装部位：室内 2. 介质：给水 3. 材质、规格：PP-R25 4. 连接形式：热熔 5. 其他：成品管卡 6. 压力试验及吹、洗设计要求：水压试验、水冲洗、消毒冲洗等	40.12	m	12.98	18.06	0.01	4.67	37.78	
3	031001006003	塑料管	1. 安装部位：室内 2. 介质：给水 3. 材质、规格：PP-R20 4. 连接形式：热熔 5. 其他：成品管卡 6. 压力试验及吹、洗设计要求：水压试验、水冲洗、消毒冲洗等	36.90	m	12	15.29	0.01	4.32	33.45	
4	031003001001	螺纹阀门	1. 类型：截止阀 2. 材质：铜质 3. 规格、压力等级：DN32 4. 连接形式：丝扣连接	2	个	13.86	65.8	1.51	4.99	90.75	

续表

序号	项目编码	项目名称	项目特征	工程量	单位	综合单价组成/元				综合单价/元	合价/元
						人工费	材料费	施工机具使用费	企业管理费和利润		
5	031003 001002	螺纹阀门	1. 类型：逆止阀 2. 材质：铜质 3. 规格、压力等级：DN32 4. 连接形式：丝扣连接	2	个	13.86	51.86	1.51	4.99	76.11	
6	031003 001003	螺纹阀门	1. 类型：截止阀 2. 材质：铜质 3. 规格、压力等级：DN25 4. 连接形式：丝扣连接	10	个	10.87	44.79	1.14	3.91	63.96	
7	031003 001004	螺纹阀门	1. 类型：截止阀 2. 材质：铜质 3. 规格、压力等级：DN20 4. 连接形式：丝扣连接	4	个	9.84	28.65	0.87	3.54	45.24	
8	031003 013001	水表	1. 安装部位：室内 2. 型号、规格：DN32 3. 连接形式：螺纹连接	2	个	25.67	337.07	0.47	9.24	391.57	
9	031003 012001	倒流防止器	1. 型号、规格：DN20 2. 连接形式：螺纹连接	2	套	52.36	154.44	6.25	18.85	244.53	
10	031004 014001	给排水附（配）件	1. 类型：水龙头 2. 材质：铜质 3. 型号、规格：DN20	4	个	2.67	18.5		0.97	23.29	
11	031002 003001	套管	1. 名称、类型：刚性防水套管 2. 材质：碳钢 3. 规格：DN32 4. 填料材质：油麻、石棉水泥等	2	个	103.17	76.69	12.71	37.14	243.24	
12	031002 003002	套管	1. 名称、类型：钢套管 2. 材质：碳钢 3. 规格：DN32 4. 填料材质：密封膏、油麻、石棉绳等	4	个	9.62	11.83	0.74	3.47	27.13	

续表

序号	项目编码	项目名称	项目特征	工程量	单位	综合单价组成/元				综合单价/元	合价/元
						人工费	材料费	施工机具使用费	企业管理费和利润		
13	031002003003	套管	1. 名称、类型：钢套管 2. 材质：碳钢 3. 规格：DN25 4. 填料材质：密封膏、油麻、石棉绳等	8	个	9.62	11.83	0.74	3.47	27.13	
14	031002003004	套管	1. 名称、类型：钢套管 2. 材质：碳钢 3. 规格：DN20 4. 填料材质：密封膏、油麻、石棉绳等	6	个	8.49	7.77	0.65	3.06	21.14	
15	010101003001	挖沟槽土石方	1. 土壤类别：三类 2. 挖土深度：2.00 m 3. 弃土运距：运输距离为10 km	12.16	m³	47.8			17.21	67.53	
16	010101003002	挖沟槽土石方	1. 土壤类别：三类 2. 挖土深度：0.30 m 3. 弃土运距：运输距离为10 km	7.765	m³	47.8			17.21	67.53	
17	010103001001	回填方	1. 密实度要求：符合规范要求 2. 填方运距：50 m	19.925	m³	21.43	0.08		7.72	30.36	

❖ **每课寄语**

"没有规矩，不成方圆"，从事造价行业，没有规矩和约束，终将一事无成。在我国，工程造价的编制和核定要依据国家的法律、法规以及相关造价管理部门颁布的计价规范来执行。作为青年一代的造价工作者必须建立规则意识，作为国家未来的保卫者、建设者，法律素质的高低，在一定程度上决定了社会的稳定性。

十年树木，百年树人。遵纪守法，依法办事，与法同行是青年健康成长的必经之路。让我们从自身做起，从小事做起，自觉做到知法、懂法、守法、护法、用法，为实现我国依法治国伟大方略而贡献力量。

[**训后拓展**]

图纸

某农村节能住宅
B2-排水工程

1.5.8 实操训练

1. 任务描述

该项目为黑龙江省某农村节能住宅 B2-排水工程，所用的施工图样为生活排水系统图

（图1.1.5）、一层排水平面图（图1.1.6）、二层排水平面图（图1.1.7）。根据任务1.2~1.4"训后拓展"所完成的表1.2.13、表1.3.9和表1.4.12中清单项目，参照黑龙江省年终结算文件将普工调增至100元/工日，技工调增至140元/工日，材料和机具风险费费率均按5%计算，企业管理费费率和利润率均取上限，主要材料价格按黑龙江省建设工程造价信息（2022.10）的材料信息价计取，材料信息价中没有列出的按现行市场价格计取，依托2019版黑龙江省建设工程计价依据《通用安装工程消耗量定额》及计价软件等执行任务。

2. 任务要求

根据上述项目所给的条件，分别完成以下2个实操训练任务：

（1）依据施工图样完成该项目各清单项综合单价组价过程计算。

（2）根据上述（1）计算出的结果，将任务成果填写在表1.5.10中。

任务1.5
实操训练答案

表1.5.10　综合单价分析表

工程名称：　　　　　　标段：　　　　　　　　　　　　　　　　　　第　页　共　页

序号	项目编码	项目名称	项目特征	工程量	单位	综合单价组成/元				综合单价	合价
						人工费	材料费	施工机具使用费	企业管理费和利润		

续表

序号	项目编码	项目名称	项目特征	工程量	单位	综合单价组成/元				综合单价	合价
						人工费	材料费	施工机具使用费	企业管理费和利润		

班级：　　　　姓名：　　　　日期：　　　　审阅：　　　　成绩：

任务1.6　分部分项工程及其他项目清单计价

■ 学习目标

1. 掌握分部分项工程及其他项目相关概念。
2. 掌握清单计价基本原理。
3. 能独立计算分部分项工程费用。
4. 具备正确汇总工程造价的能力。

■ 素质目标

1. 培养职业道德、职业素养。
2. 提升安全、环保、争先创优的意识，体会国家"以人为本"的生产理念。

■ 学习要点

1. 清晰分部分项工程费用与其他各项费用之间的逻辑关系。
2. 掌握分部分项工程费用构成，其他各项费用计算程序及方法。
3. 提升独立、正确汇总造价的能力。

［训前导学］

1.6.1　计价费用的相关概念

2019版黑龙江省建设工程计价依据《建筑安装工程费用定额》对建筑安装工程费用按照工程造价形成划分为分部分项工程费、措施项目费、其他项目费、规费和税金，并对其相关概念给出了明确的定义。

1. 分部分项工程费

分部分项工程费是指各专业工程的分部分项工程应予列支的各项费用。

2. 措施项目费

措施项目费是指为完成建设工程施工，发生于该工程施工前和施工过程中的技术、生活、安全、环境保护等方面的费用，包含单价措施项目费和总价措施项目费，如表1.6.1所示。

表1.6.1　措施项目费用列表

费用名称	项目名称	具体分项
措施项目费	单价措施项目费	大型机械设备进出场及安拆费
		混凝土、钢筋混凝土模板及支架费
		施工排水、降水费

续表

费用名称	项目名称	具体分项
措施项目费	单价措施项目费	水平防护架、垂直封闭防护架、外架封闭费
		专业工程措施项目费
	总价措施项目费	安全文明施工费
		其他措施项目费
		专业工程措施项目费

3. 其他项目费

其他项目费是指除分部分项工程费和措施项目费外的其他费用，包含暂列金额、计日工、总承包服务费和暂估价四项，见表1.6.2。

表 1.6.2　其他项目费用列表

费用名称	项目名称	项目含义
其他项目费用	暂列金额	建设单位在工程量清单中或招标时暂定并包括在工程合同价款中的一笔款项。用于施工合同签订时尚未确定或不可预见的所需材料、工程设备、服务的采购，施工中可能发生的工程变更、合同约定调整因素出现时的工程价款调整以及发生的索赔、现场签证确认等的费用
	暂估价	招标人在工程量清单中或招标时提供的用于支付必然发生但暂时不能确定价格的材料（工程设备）的单价以及专业工程的金额
	计日工	在施工过程中，施工企业完成建设单位提出的施工图纸以外的零星项目或工作所需的费用
	总承包服务费	总承包人为配合、协调建设单位进行的专业工程发包，对建设单位自行采购的材料、工程设备等进行保管以及施工现场管理、竣工资料汇总整理等服务所需的费用

1.6.2　清单计价基本原理

当采用清单计价模式计算工程造价时，一个建设项目的总造价由一个或几个单项工程费用构成，一个单项工程又由各单位工程费用所构成，而一个单位工程在工程量计算、综合单价分析经复查确认无误后，即可进行分部分项工程费、措施项目费、其他项目费、规费和税金的计算，从而计算出单位工程的总造价，最终汇总得出建设项目的总造价。计算公式如下：

（1）计算分部分项工程费用

分部分项工程费 = ∑清单项目施工费用

= ∑分部分项工程清单工程量 × 分部分项工程综合单价　　（1.6.1）

（2）计算措施项目费用

措施项目费用 = 单价措施项目费用 + 总价措施项目费用　　（1.6.2）

单价措施项目费用 = ∑措施项目清单工程量 × 措施项目综合单价　　（1.6.3）

微课

清单计价基本原理

$$总价措施项目费用=\sum 计算基数×相应措施项目费率 \qquad (1.6.4)$$

（3）计算其他项目费用

其他项目费按招标文件的规定计算。

（4）计算单位工程造价

$$单位工程造价=分部分项工程费+措施项目费+其他项目费+规费+税金 \quad (1.6.5)$$

（5）计算单项工程造价

$$单项工程造价=\sum 单位工程费 \qquad (1.6.6)$$

（6）计算建设项目总造价

$$建设项目总造价=\sum 单项工程费 \qquad (1.6.7)$$

1.6.3　建筑安装工程费用计算程序

本任务以 2019 版黑龙江省建设工程计价依据《建筑安装工程费用定额》为例，当采用工程量清单计价模式计算工程总造价时，其单位工程费用计算程序如表 1.6.3 所示。

表 1.6.3　单位工程费用计算程序（工程量清单计价）

序号	费用名称	计算方法
（一）	分部分项工程费	$\sum$（分部分项工程量×相应综合单价）
（A）	其中：计费人工费	$\sum$工日消耗量×计费人工单价
（二）	措施项目费	(1)+(2)
（1）	单价措施项目费	①+②+③+④+⑤
（B）	其中：计费人工费	$\sum$工日消耗量×计费人工单价
①	大型机械设备进出场及安拆费	措施项目工程量×相应综合单价
②	混凝土、钢筋混凝土模板及支架费	措施项目工程量×相应综合单价
③	施工排水、降水费	措施项目工程量×相应综合单价
④	水平防护架、垂直防护架、外架封闭费	措施项目工程量×相应综合单价
⑤	专业工程措施项目费	措施项目工程量×相应综合单价
（2）	总价措施项目费	⑥+⑦+⑧
⑥	安全文明施工费	［（一）+（1）-工程设备金额］×费率
⑦	其他措施项目费	［（A）+（B）］×费率
⑧	专业工程措施项目费	根据工程情况确定
（C）	其中：计费人工费	
（三）	其他项目费	(3)+(4)+(5)+(6)
（3）	暂列金额	［（一）-工程设备金额］×费率（投标报价时按招标工程量清单中列出的金额填写）
（4）	专业工程暂估价	根据工程情况确定（投标报价时按招标工程量清单中列出的金额计列）
（5）	计日工	根据工程情况确定

续表

序号	费用名称	计算方法
（6）	总承包服务费	供应材料费用、设备的安装费或发包人发包的专业工程费×费率
（四）	规费	［（A）+（B）+（C）+人工费价差］×费率
（五）	税金	［（一）+（二）+（三）+（四）-（3）-（4）-甲供材料费］×税率
（六）	工程造价	（一）+（二）+（三）+（四）+（五）-甲供材料费

注：① 甲供材料费计入造价中，计取安全文明施工费、暂列金额，并在税前扣除甲供材料费。

② 采用一般计税方法时，各项费用中不包括可抵扣的进项税额；采用简易计税方法时，各项费用中包括可抵扣的进项税额。

1.6.4　建筑安装工程费用标准

2019版黑龙江省建设工程计价依据《建筑安装工程费用定额》规定的各费用标准见表1.6.4～表1.6.14。

1. 安全文明施工费

表 1.6.4　安全文明施工费费用标准表　　单位：%

工程项目	建筑装饰工程	安装工程	市政工程	园林绿化工程	城市轨道交通工程	单独承包装饰工程
计算基础	工程量清单计价的工程：分部分项工程费+单价措施项目费-工程设备金额 定额计价的工程：分部分项工程费+单价措施项目费+企业管理费+利润+人材机价差-工程设备金额					
安全文明施工费	3.12	2.54	2.54	2.19	2.75	2.47

2. 其他措施项目费

表 1.6.5　其他措施项目费费用标准表　　单位：%

工程项目	建筑装饰工程	安装工程	市政工程	园林绿化工程	城市轨道交通工程	单独承包装饰工程
计算基础	计费人工费					
夜间施工费	0.12					
二次搬运费	0.12					
冬季施工增加费	5［计费基础：冬季施工工程的计费人工费+机具费（不含价差）］					
雨季施工增加费	0.11					
已完工程及设备保护费	0.11					
工程定位复测费	0.08					

3. 价格风险

表 1.6.6   价格风险费用标准表   单位:%

序号	费用项目	计算基础	费率	备注
1	材料价格风险	相应材料价格	5	发承包双方应当按照风险适当、合理分担的原则,约定市场物价波动的调整幅度,明确工程计价的风险内容及范围。
2	施工机具价格风险	相应施工机具台班价格	5	

4. 企业管理费

表 1.6.7   企业管理费费用标准表   单位:%

工程项目	建筑装饰工程	安装工程	市政工程	园林绿化工程	城市轨道交通工程	单独承包装饰工程
计算基础	计费人工费					
企业管理费	10~14	10~14	8~12	6~9	8~12	7~10

5. 利润

表 1.6.8   利润费用标准表   单位:%

工程项目	各类工程
计算基础	计费人工费
利润	10~22

6. 暂列金额

表 1.6.9   暂列金额费用标准表   单位:%

工程项目	各类工程
计算基础	分部分项工程费-工程设备金额
暂列金额	10~15

7. 总承包服务费

表 1.6.10   总承包服务费费用标准表   单位:%

费用项目	计算基础	各类工程
发包人供应材料	供应材料费用	2
发包人采购设备	设备的安装费用	2
总承包人对发包人发包的专业工程管理和协调	工程量清单计价的工程:发包人发包的专业工程费(分部分项工程费+措施项目费-工程设备金额)	1.5
总承包人对发包人发包的专业工程管理和协调并提供配合服务	定额计价的工程:发包人发包的专业工程费(分部分项工程费+措施项目费+企业管理费+利润+人才机价差-工程设备金额)	3~5

8. 规费

表 1.6.11　规费费用标准表　　　　　单位：%

工程项目	各类工程
计算基础	计费人工费+人工费价差
养老保险费	16
医疗保险费	7.5
失业保险费	0.5
工伤保险费	1
生育保险费	0.6
住房公积金	5
环境保护税	按实际发生计算

9. 税金

表 1.6.12　税金费用标准表　　　　　单位：%

工程项目	各类工程
计算基础	税前工程造价
税率	9（或 3）

10. 计费人工单价

表 1.6.13　计费人工单价表

单位：元/工日

项目		建筑装饰工程、安装工程、市政工程	园林绿化工程、城市轨道交通工程
计费人工单价	普工	95	97
	技工	122	

注：① 计费人工单价每工日按 8 小时计算。

② 此单价为各类工程计费的统一标准。

11. 机具工单价

表 1.6.14　机具工单价表

单位：元/工日

项目	各类工程
机具工单价	115

注：每工日按 8 小时计算。

1.6.5　工程计价表格

　　工程量清单计价模式下，工程计价宜采用《计价规范》规定的统一格式进行编制，无论是招标人编制招标控制价，还是投标人编制投标报价，均可参照表 1.2.7～表 1.2.16 编制。

[训中探析]

1.6.6 案例分析

案例：完成室内给水工程清单报价

任务描述： 本案例为黑龙江省某农村节能住宅 B2-给水工程，所用的施工图样为图 1.1.2~图 1.1.4 以及表 1.5.9 所列不带子目的综合单价分析清单项目，参照 2019 版黑龙江省建设工程计价依据《建筑安装费用定额》中所给建筑安装工程费用标准执行，安全文明施工费费率、其他措施项目费费率、规费费率分别按表 1.6.4、表 1.6.5 和表 1.6.11 中的规定计取，税金费率取 9%，本案例不涉及单价措施费和其他项目费用，所以不计算；依托 2019 版黑龙江省建设工程计价依据及计价软件等执行任务。

任务布置： 根据本案例所给表 1.5.9 不带子目的综合单价分析清单项目，按照《建筑安装工程费用定额》费用标准对本案例室内给水工程进行清单报价，并将计价软件计算表格输出。

计算过程：

1. 分部分项工程费用

以塑料管为例进行计算，进一步理解分部分项工程费用的含义。

由计价软件已知本案例中塑料管清单量、人工单价、人工价差单价及综合单价见表 1.6.15。

表 1.6.15　塑料管分部分项工程费用

项目编码	项目名称	单位	工程量	人工单价/元	人工价差单价/元	综合单价/元
031001006001	塑料管	m	38.50	13.88	1.23	45.58
031001006002	塑料管	m	40.12	12.98	1.15	37.78
031001006003	塑料管	m	36.90	12	1.05	33.45

利用公式计算：

分部分项工程费 = ∑ 分部分项工程清单工程量×分部分项工程综合单价

= (38.50×45.58+40.12×37.78+36.90×33.45)元

= 4504.87 元

2. 措施项目费用

根据项目的任务描述，本案例不涉及单价措施费，所以只需计算总价措施费即可。在计算之前，需要解决人工费合价问题。由表 1.6.15 计算可得人工费合价：

∑R = (13.88×38.50+12.98×40.12+12×36.90)元

= 1497.94 元

所以得到

安全文明施工费 = (分部分项合计+单价措施项目费-分部分项设备费-

单价措施项目设备费)×费率

$$= (4504.87+0-0-0) \ 元 \times 2.54\%$$

$$= 114.42 \ 元$$

其他措施项目费 = (分部分项计费人工费+单价措施计费人工费)×费率

$$= (1497.94+0) \ 元 \times (0.12+0.12+0.11+0.11+0.08)\%$$

$$= 8.09 \ 元$$

总计，总价措施费 = 114.42 元+8.09 元 = 122.51 元

3. 其他项目费用

根据项目的任务描述，本案例不涉及其他项目费，所以为 0。

4. 规费和税金

在计算规费和税金前，先确定计算基数。由表 1.6.15 计算得出：

$$\sum (\text{计费人工费+人工价差}) = [(13.88+1.23)\times38.50+(12.98+1.15)\times40.12+$$
$$(12+1.05)\times36.90] \ 元$$

$$= 1630.18 \ 元$$

参照表 1.6.3 计算，因此：

$$规费 = \sum (\text{计费人工费+人工价差}) \times 费率$$

$$= 1630.18 \ 元 \times (16+7.5+0.5+1+0.6+5)\%$$

$$= 498.84 \ 元$$

$$税金 = [(一)+(二)+(三)+(四)-(3)-(4)-甲供材料费] \times 费率$$

$$= (4504.87+122.51+0+498.84-0-0-0) \ 元 \times 9\%$$

$$= 461.36 \ 元$$

5. 单位工程造价汇总

综上所述，总造价 = 分部分项工程费用+措施项目费用+其他项目费+规费+税金

$$= (4504.87+122.51+0+498.84+461.36) \ 元 = 5587.58 \ 元$$

成果展示：本案例室内给水工程全部清单项的计算，原理与上述塑料管的计算相同，其最终任务成果如下。

（1）分部分项工程量清单与计价表见表 1.6.16。

表 1.6.16 分部分项工程量清单与计价表

工程名称：某节能住宅 B2-给水工程　　　　　　标段：　　　　　　第1页 共1页

序号	项目编码	项目名称	项目特征描述	计量单位	工程量	金额/元		
						综合单价	合价	其中
								暂估价
1	031001 006001	塑料管	1. 安装部位：室内 2. 介质：给水 3. 材质、规格：PP-R32 4. 连接形式：热熔 5. 其他：成品管卡 6. 压力试验及吹、洗设计要求：水压试验、水冲洗、消毒冲洗等	m	38.50	45.58	1754.83	

续表

序号	项目编码	项目名称	项目特征描述	计量单位	工程量	金额/元		
						综合单价	合价	其中 暂估价
2	031001006002	塑料管	1. 安装部位：室内 2. 介质：给水 3. 材质、规格：PP-R25 4. 连接形式：热熔 5. 其他：成品管卡 6. 压力试验及吹、洗设计要求：水压试验、水冲洗、消毒冲洗等	m	40.12	37.78	1515.73	
3	031001006003	塑料管	1. 安装部位：室内 2. 介质：给水 3. 材质、规格：PP-R20 4. 连接形式：热熔 5. 其他：成品管卡 6. 压力试验及吹、洗设计要求：水压试验、水冲洗、消毒冲洗等	m	36.90	33.45	1234.31	
4	031003001001	螺纹阀门	1. 类型：截止阀 2. 材质：铜质 3. 规格、压力等级：DN32 4. 连接形式：丝扣连接	个	2	90.75	181.5	
5	031003001002	螺纹阀门	1. 类型：逆止阀 2. 材质：铜质 3. 规格、压力等级：DN32 4. 连接形式：丝扣连接	个	2	76.11	152.22	
6	031003001003	螺纹阀门	1. 类型：截止阀 2. 材质：铜质 3. 规格、压力等级：DN25 4. 连接形式：丝扣连接	个	10	63.96	639.6	
7	031003001004	螺纹阀门	1. 类型：截止阀 2. 材质：铜质 3. 规格、压力等级：DN20 4. 连接形式：丝扣连接	个	4	45.24	180.96	
8	031003013001	水表	1. 安装部位：室内 2. 型号、规格：DN32 3. 连接形式：螺纹连接	个	2	391.57	783.14	
9	031003012001	倒流防止器	1. 型号、规格：DN20 2. 连接形式：螺纹连接	套	2	244.53	489.06	

续表

序号	项目编码	项目名称	项目特征描述	计量单位	工程量	金额/元		其中
						综合单价	合价	暂估价
10	031004014001	给排水附（配）件	1. 类型：水龙头 2. 材质：铜质 3. 型号、规格：DN20	个	4	23.29	93.16	
11	031002003001	套管	1. 名称、类型：刚性防水套管 2. 材质：碳钢 3. 规格：DN32 4. 填料材质：油麻、石棉水泥等	个	2	243.24	486.48	
12	031002003002	套管	1. 名称、类型：钢套管 2. 材质：碳钢 3. 规格：DN32 4. 填料材质：密封膏、油麻、石棉绳等	个	4	27.13	108.52	
13	031002003003	套管	1. 名称、类型：钢套管 2. 材质：碳钢 3. 规格：DN25 4. 填料材质：密封膏、油麻、石棉绳等	个	8	27.13	217.04	
14	031002003004	套管	1. 名称、类型：钢套管 2. 材质：碳钢 3. 规格：DN20 4. 填料材质：密封膏、油麻、石棉绳等	个	6	21.14	126.84	
15	010101003001	挖沟槽土石方	1. 土壤类别：三类 2. 挖土深度：2.00 m 3. 弃土运距：运输距离为10 km	m³	12.16	67.53	821.16	
16	010101003002	挖沟槽土石方	1. 土壤类别：三类 2. 挖土深度：0.30 m 3. 弃土运距：运输距离为10 km	m³	7.765	67.53	524.71	
17	010103001001	回填方	1. 密实度要求：符合规范要求 2. 填方运距：50 m	m³	19.925	30.36	605.07	
			本页小计				9 914.33	
			合　计				9 914.33	

（2）措施项目清单与计价表见表1.6.18。其中，单位工程人工费表见表1.6.17。

表 1.6.17   单位工程人工费表

工程名称：某节能住宅 B2-给水工程   标段：   第 1 页 共 1 页

序号	名称	单位	数量	不含税预算价/元	不含税市场价/元	不含税预算价合计/元	价差/元	价差合计/元
1	普工	工日	29.326 3	95	100	2 785.998 5	5	146.63
2	技工	工日	6.843	122	140	834.846	18	123.174

注：此表作为其他措施项目费的取费基数，表中"数量"来源于计价软件数据，"不含税市场价"由 1.5.7 案例分析项目描述中给出。

表 1.6.18   措施项目清单与计价表

工程名称：某节能住宅 B2-给水工程   标段：   第 1 页 共 1 页

序号	项目编码	项目名称	计算基础	计算基数	费率/%	金额/元
一		安全文明施工费				251.82
1	031302001001	安全文明施工费	分部分项合计+单价措施项目费－分部分项设备费－单价措施项目设备费	9 914.33	2.54	251.82
二		其他措施项目费				19.56
2	031302002001	夜间施工增加费	分部分项计费人工费+单价措施计费人工费	3 620.84	0.12	4.35
3	031302004001	二次搬运费	分部分项计费人工费+单价措施计费人工费	3 620.84	0.12	4.35
4	031302005001	雨季施工增加费	分部分项计费人工费+单价措施计费人工费	3 620.84	0.11	3.98
5	031302006001	已完工程及设备保护费	分部分项计费人工费+单价措施计费人工费	3 620.84	0.11	3.98
6	03B001	工程定位复测费	分部分项计费人工费+单价措施计费人工费	3 620.84	0.08	2.9
三		专业工程措施项目费				
7	03B002	专业工程措施项目费				
合 计						271.38

注：本表适用于以"项"计价的措施项目，包含安全文明施工费、其他措施项目费，不包含单价措施项目费用（本案例不计算此项费用）。

（3）其他项目清单与计价表，根据"任务描述"本案例不涉及其他项目费用，所以此项不计取，为 0。

（4）规费、税金项目清单与计价表见表 1.6.19。

表 1.6.19   规费、税金项目清单与计价表

工程名称：某节能住宅 B2-给水工程   标段：   第 1 页 共 1 页

序号	项目名称	计算基础	计算基数	费率/%	金额/元
1	规费	[（A）+（B）+（C）+人工费价差]×费率			1 190.54

续表

序号	项目名称	计算基础	计算基数	费率/%	金额/元
1.1	社会保险费	养老保险费+医疗保险费+失业保险费+工伤保险费+生育保险费	996.01		996.01
1.1.1	养老保险费	计费人工费+人工价差	3 890.66	16	622.51
1.1.2	医疗保险费	计费人工费+人工价差	3 890.66	7.5	291.8
1.1.3	失业保险费	计费人工费+人工价差	3 890.66	0.5	19.45
1.1.4	工伤保险费	计费人工费+人工价差	3 890.66	1	38.91
1.1.5	生育保险费	计费人工费+人工价差	3 890.66	0.6	23.34
1.2	住房公积金	计费人工费+人工价差	3 890.66	5	194.53
1.3	环境保护税	按实际发生计算			
2	税金	[（一）+（二）+（三）+（四）-（3）-（4）-甲供材料费]×税率	11 376.25	9	1 023.86
	合　计				2 214.4

（5）单位工程投标报价汇总表见表1.6.20。

表1.6.20　单位工程投标报价汇总表

工程名称：某节能住宅 B2-给水工程　　　　　　　标段：　　　　　　　第1页　共1页

序号	汇总内容	金额/元	其中：暂估价/元
（一）	分部分项工程费	9 914.33	
（二）	措施项目费	271.38	
（1）	单价措施项目费		
（2）	总价措施项目费	271.38	
①	安全文明施工费	251.82	
②	其他措施项目费	19.56	
③	专业工程措施项目费		
（三）	其他项目费		
（3）	暂列金额		
（4）	专业工程暂估价		
（5）	计日工		
（6）	总承包服务费		
（四）	规费	1 190.54	
（1）	社会保险费	996.01	
①	养老保险费	622.51	
②	医疗保险费	291.8	
③	失业保险费	19.45	
④	工伤保险费	38.91	
⑤	生育保险费	23.34	
（2）	住房公积金	194.53	
（3）	环境保护税		
（五）	税金	1 023.86	
投标报价合计=（一）+（二）+（三）+（四）+（五）-甲供材料费		12 400.11	

❖ 每课寄语

　　绿水青山原本是指美好河山。习近平总书记将其意义加以引申拓展，用以泛指生态文明和美丽中国建设，提出"绿水青山就是金山银山"，强调绝不能以牺牲生态环境为代价换取经济的发展，要注重生态文明建设，做到人与自然和谐发展，给子孙后代留下天蓝、地绿、水净的美好家园。

　　工程计价中，国家将安全文明施工费、规费、税金等费用列入不可竞争费用，即不可让利，否则废标，其实质就是为了杜绝企业的恶性竞争，防止为中标而舍弃施工人员的安全费用、环保费用及涉及个人利益的"五险一金"费用，体现了国家"以人为本"的生产理念和保护环境的决心。作为未来的造价工作者，我们要提升国家制度自信感、职业自信感，争创精品工程，建立与时俱进、争先创优的奋斗意识，形成高度的社会责任感，努力做新时代有造价梦的最美造价人。

[训后拓展]

1.6.7　实操训练

1. 任务描述

　　该项目为黑龙江省某农村节能住宅 B2-排水工程，在任务 1.5 "训后拓展"任务成果的基础上，参照 2019 版黑龙江省建设工程计价依据《建筑安装费用定额》中所给的建筑安装工程费用标准，安全文明施工费费率、其他措施项目费费率、规费费率分别按表 1.6.4、表 1.6.5 和表 1.6.11 中的规定计取，税金费率取 9%，本案例不涉及单价措施费和其他项目费用，所以不计算，依托 2019 版黑龙江省建设工程计价依据及计价软件等执行任务。

图纸
某农村节能住宅
B2-排水工程

任务1.6
实操训练答案

2. 任务要求

　　根据上述项目所给的条件，利用计价软件分别完成以下 4 个实操训练任务，并将任务成果填入下列表格中。

　　（1）分部分项工程量清单与计价表，见表 1.6.21。

表 1.6.21　分部分项工程量清单与计价表

工程名称：　　　　　　　　　　　　　　标段：　　　　　　　　　　第　页　共　页

序号	项目编码	项目名称	项目特征描述	计量单位	工程量	金额/元		
						综合单价	合价	其中
								暂估价

续表

序号	项目编码	项目名称	项目特征描述	计量单位	工程量	金额/元		
						综合单价	合价	其中
								暂估价

班级：　　　　姓名：　　　　日期：　　　　审阅：　　　　成绩：

（2）措施项目清单与计价表，见表 1.6.22。

表 1.6.22　措施项目清单与计价表

工程名称：　　　　　　　　　　　　　　　　标段：　　　　　　　　　第 页 共 页

序号	项目编码	项目名称	计算基础	计算基数	费率/%	金额/元
一		安全文明施工费				
1		安全文明施工费				
二		其他措施项目费				
2		夜间施工增加费				
3		二次搬运费				
4		雨季施工增加费				
5		已完工程及设备保护费				
6		工程定位复测费				
三		专业工程措施项目费				
7		专业工程措施项目费				
合　计						

班级：　　　　姓名：　　　　日期：　　　　审阅：　　　　成绩：

（3）规费、税金项目清单与计价表，见表 1.6.23。

表 1.6.23　规费、税金项目清单与计价表

工程名称：　　　　　　　　　　　　　　　　标段：　　　　　　　　　第 页 共 页

序号	项目名称	计算基础	计算基数	费率/%	金额/元
1	规费				
1.1	社会保险费				
1.1.1	养老保险费				
1.1.2	医疗保险费				
1.1.3	失业保险费				
1.1.4	工伤保险费				
1.1.5	生育保险费				
1.2	住房公积金				
1.3	环境保护税				
2	税金				
合　计					

班级：　　　　姓名：　　　　日期：　　　　审阅：　　　　成绩：

（4）单位工程投标报价汇总表，见表1.6.24。

表 1.6.24　单位工程投标报价汇总表

工程名称：　　　　　　　　　　　　标段：　　　　　　　　第　页　共　页

序号	汇总内容	金额/元	其中：暂估价/元
（一）	分部分项工程费		
（二）	措施项目费		
（1）	单价措施项目费		
（2）	总价措施项目费		
①	安全文明施工费		
②	其他措施项目费		
③	专业工程措施项目费		
（三）	其他项目费		
（3）	暂列金额		
（4）	专业工程暂估价		
（5）	计日工		
（6）	总承包服务费		
（四）	规费		
（1）	社会保险费		
①	养老保险费		
②	医疗保险费		
③	失业保险费		
④	工伤保险费		
⑤	生育保险费		
（2）	住房公积金		
（3）	环境保护税		
（五）	税金		
投标报价合计=（一）+（二）+（三）+（四）+（五）-甲供材料费			

班级：　　　　　姓名：　　　　　日期：　　　　　审阅：　　　　　成绩：

室内供暖工程清单计价

学习情境2
室内供暖工程清单计价

任务2.1 室内供暖工程图纸识读及列项

室内供暖工程施工图识读顺序及识读方法

供暖工程施工工艺流程

分部分项工程项目划分原则及方法

任务2.2 供暖器具计量与清单

供暖器具计量规则及注意事项

供暖器具工程量清单项目设置

BIM安装计量软件供暖器具建模

任务2.3 供暖管道及附件计量与清单

供暖管道、阀门、套管等计量规则及计算方法

管道及附件计量，相应工程量清单设置

BIM安装计量软件建立模型

任务2.4 管道支架计量与清单

管道支架型式、计算步骤、
计量规则及计算方法

管道支架计量，相应工程量清单设置

任务2.5 除锈、刷油及绝热工程计量与清单

判断管道除锈、刷油及绝热部位
的依据、计算公式及计算方法

管道除锈、刷油及绝热工程计量，
相应工程量清单设置

BIM安装计量软件算量

任务2.6 室内供暖工程投标报价

投标报价相关概念

投标报价编制原则、依据、程序及方法

投标技巧和投标策略

遵守规则，按矩办事，规范操作。
诚实守信，具有精益求精的工匠精神。
建立工程思维，培养科学精神、劳动精神。

动画

城市新能源供暖

任务 2.1　室内供暖工程图纸识读及列项

■ **学习目标**

1. 掌握室内供暖工程施工图识读顺序及识读方法。
2. 熟悉供暖工程施工工艺流程。
3. 掌握分部分项工程项目划分原则及方法。
4. 提升 X 技能：建筑工程识图能力。

■ **素质目标**

1. 培养良好沟通能力，建立团队协作精神。
2. 遵守规则，按矩办事，规范操作。

■ **学习要点**

1. 识读室内供暖工程图纸的前提是要清楚供暖工程的系统原理。
2. 训练直观项+隐含项的列项思维。
3. 提升 X 技能，达到建筑工程识图能力要求。

供暖系统常用
代号及图例

［训前导学］

2.1.1　室内供暖工程施工图纸识读

室内供暖工程施工图一般规定应符合《暖通空调制图标准》（GB/T 50114—2010）、《供热工程制图标准》（CJJ/T 78—2010），如比例规定、标高标注方法、管径标注位置、多条管线规格标注方法、系统编号画法等。

室内供暖工程施工图主要由设计总说明、平面图、系统图（轴测图）、施工详图等组成。

1. 设计总说明

在安装工程施工图中设计总说明主要从文字部分、图例和主要设备材料明细清单三个维度进行识读。

（1）当在设计图样上无法表达清楚室内供暖系统，如散热器型号、管道、支架、设备防腐、防冻、保温等规定要求的施工工艺及操作方法时，可以在设计总说明中完全体现出来；难以表达的诸如管道材料，管道连接，验收要求，施工中必须遵守的技术规程、规定，施工图中使用的标准图和通用图等，可在设计说明中用文字表达。

（2）设计总说明中还要附有图例，均应按照最新版《供暖工程制图标准》使用统一的图例来表示。

（3）在设计说明中以明细清单形式呈现，在表中主要列明材料型号、规格、数量，设备品种、规格和主要尺寸等。

2. 平面图识读

（1）表明供暖器具安装位置、片数；若为地热管，则可以看到其盘管型式、规格等。平面图上的供暖器具是示意图，它只能表明器具位置及片数，而不能具体表示各部分的尺寸及构造，因此在识图时必须结合有关详图或技术资料，搞清楚这些器具构造、接管方式和尺寸。

（2）弄清热力入口位置或采暖入户管平面位置、定位尺寸，与室外供暖管网的连接形式、管径等。

（3）弄清采暖入户管上是否装有阀门，如装有，则在平面图上能完整地表示出来。这时，可查明阀门的型号及距建筑物的距离。

（4）查明供、回水干管的布置方式及平面位置与走向、管径尺寸，干管上的阀门、固定支架、伸缩器的平面布置位置。

（5）总立管、散热器立管编号及平面布置位置。从平面图上还可查明是明装还是暗装，以确定施工方法。

（6）明确膨胀水箱、集气罐等设施的位置。

（7）明确采暖地沟中管道在平面图中位置。

3. 系统图识读

（1）明确供暖工程的系统型式及供暖方式，管道系统具体走向。

（2）管道系统的空间布置位置，管径尺寸、坡度、变径点位置，采暖入户管、干管及立管的标高。识图时按采暖入户管、干管、立管、支管及供暖设备的顺序进行。

（3）管道上阀门的位置、规格。

（4）散热器与管道的连接方式。

（5）对照平面图，判断管道敷设方式是明装还是暗装。

（6）系统图上对各楼层标高都有注明，识读时可据此分清管路是属于哪一层的。

4. 详图识读

当某些设备的构造或管道间的连接情况在平面图和系统图中无法表达清楚，而且在设计说明中也无法用文字说明时，可以将这些部位局部放大比例画出详图。详图主要表明平面图和系统图中复杂节点的详细构造及设备安装方法。室内供暖系统施工图的详图主要有：

（1）地沟内支架的安装大样图。

（2）地沟入口处详图，即热力入口详图。

（3）膨胀水箱间安装详图。

（4）管道连接详图。

（5）补偿器、疏水器构造详图。

（6）散热器安装详图。

这些图都是根据实物用正投影法画出来的，图上都有详细尺寸，可供安装时直接使用。

2.1.2　室内供暖工程施工工艺

1. 采暖系统的安装工艺流程

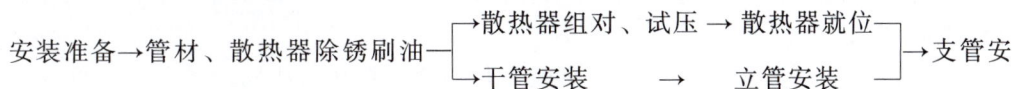

安装准备→管材、散热器除锈刷油 ┌→散热器组对、试压 → 散热器就位┐
　　　　　　　　　　　　　　　　└→干管安装　　　→　　立管安装　┘→支管安

装→系统试压→冲洗→刷油、保温。

2. 低温地板辐射采暖的安装工艺流程

混凝土层找平→固定分、集水器→粘贴边角保温→铺设隔热保温层→铺设热反射膜→钢丝网固定→铺设地暖管→管卡固定→设置伸缩缝、伸缩套管→中间试压→回填混凝土→安装地面层→试压验收→系统试运行。

[训中探析]

2.1.3　案例分析

案例1：完成某小学教学楼采暖工程识图

1. 项目描述

该项目为×××小学教学楼新建工程，所用施工图样为：一层采暖平面图（图2.1.1，见书后插页）、二层采暖平面图（图2.1.2，见书后插页）、采暖系统图（图2.1.3，见书后插页）、采暖设计说明（图2.1.4）。

（1）管道、阀门

① 散热器采暖系统的管道均采用焊接钢管，DN≤32 时，采用螺纹连接；DN>32 时，采用焊接。

② 采暖系统中的关闭阀门，除特殊要求外，DN<50 的采用铜闸阀，DN≥50 的采用金属硬密封蝶阀。采暖供水管段上均设调节平衡用手动调节阀。

③ 采暖系统中的排气均采用 E121 型自动排气阀。

④ 采暖系统散热器均采用四柱 760 型铸铁散热器。

（2）系统安装

① 管道穿过墙壁或楼板处应设置钢制套管，安装在楼板内的套管其顶部应高出地面 20 mm，底部与楼板底面相平；安装在墙壁内的套管，其两端应与饰面相平。穿过卫生间的管道，套管顶部高出地面 50 mm，首层地面的套管与管道之间应填沥青油麻，再用建筑嵌缝胶密封。

② 采暖钢管道 DN≥32 时，应尽量采用煨弯，使其承受管体膨胀，弯曲半径一般为管外径的 4 倍，即 $R=4D$。

③ 管道活动支架最大间距根据管径按表 2.1.1 选用。

表 2.1.1　管道活动支架最大间距

公称直径/mm	15	20	25	32	40	50	70	80	100
保温管道/m	1.5	2.0	2.0	2.5	3.0	3.0	4.0	4.0	4.5
无保温管道/m	2.5	3.0	3.5	4.0	4.5	5.0	6.0	6.0	6.5

④ 采暖系统管道标高均指管道中心标高，以建筑图±0.000 为基准，图中尺寸以毫米计，标高以米计。

⑤ 两组串联散热器间的连接短管规格均与散热器接口相同，并在后一组散热器设

φ10 手动跑风。

⑥ 防腐和保温敷设在外门附近，地沟及吊顶内的采暖管道在防腐和水压试验合格后进行保温，保温的管道除锈后先刷两遍防锈底漆，再套导热系数为 0.037 W/(m·℃) 的超细玻璃棉制品保温，外缠玻璃丝布，外刷防锈底漆一遍。保温厚度：DN20～DN32 为 40 mm；DN40～DN80 为 50 mm；DN100～DN200 为 60 mm。对于不保温管道，散热器涂刷一道防锈漆和两道面漆（白色调和漆）。

（3）水压试验

系统安装完毕后应进行水压试验。试验压力为 0.6 MPa，要求在 5 min 内压力降不大于 0.02 MPa 为合格。试压合格后，应对系统进行反复注水、排水，直至排出的水不含泥沙、铁屑等杂质，且水色不混浊方合格。

采暖供水管	———————
采暖回水管	- - - - - - -
管道支架	
散热器	
散热器手动跑风	
关断阀门	
手动调节阀	
自动排气阀	

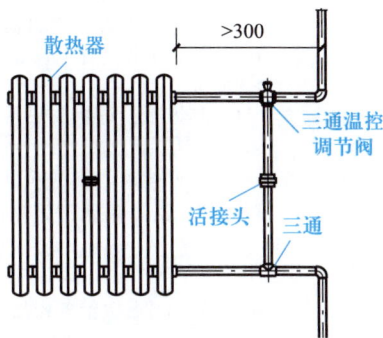

(a) 图例　　　　　(b) 带三通阀跨越式散热器连接立面图

图 2.1.4　采暖设计说明

2. 室内供暖工程图纸识读

任务布置：根据所提供的图样中 N1 环路，从安装造价岗位需求角度，结合教学楼室内供暖工程施工图纸识读方法及列项思维进行识读，并填写任务表。

问题思考：（1）该项目采用的是哪种系统形式？案例中散热器是否需要现场组对？

（2）在设计总说明、平面图、系统图中分别可以读取哪些信息？

成果展示：任务成果如表 2.1.2 所示。

表 2.1.2　室内供暖工程（N1 环路）识图任务表

实训项目		实训内容	备注
教学楼室内供暖工程（N1 环路）识图	设计说明	1. 概况：该建筑共 2 层，建筑高度为 7.60 m；供水管采用实线，回水管采用虚线 2. 采暖方式：上供下回式 3. 管材：焊接钢管，螺纹连接或焊接 4. 阀门：<DN50 采用铜闸阀，≥DN50 采用蝶阀 5. 散热器：760 型铸铁散热器	在识读施工图纸时，要建立列项思维，边识读边勾勒出分部分项工程项目框架

续表

实训项目		实训内容	备注
教学楼室内供暖工程（N1 环路）识图	设计说明	6. 套管：钢制套管，普通房间：高出地面 20 mm；卫生间：高出地面 50 mm；底部与楼板底面相平 7. 防腐保温：明装管道一遍底漆，两遍面漆；暗装管道两遍底漆后，超细玻璃棉保温，外缠玻璃丝布，外刷防锈底漆一遍；散热器刷一道防锈漆和两道调和漆 8. 水压试验：按设计规定 9. 熟悉图例，了解图纸目录	在识读施工图纸时，要建立列项思维，边识读边勾勒出分部分项工程项目框架
	系统图	1. 供水入户管：本案例系统型式是上供下回式，供水入户管从地下 1.70 m 位置由室外供热管网接入，从地沟内进入到室内 2. 供水总立管：从地下 0.60 m 处拔起，上升到 7.20 m 处进行分环 3. 干管：本案例选用左侧 N1 环路；供水干管环路末端设置自动排气阀，管径由大到小逐渐变径；回水干管末端设置关断阀门，管径由小到大逐渐变径 4. 散热器立管：立管上、下均设置阀门 5. 散热器支管：散热器进、出口支管之间均设置有一段跨越管，并在散热器进水支管上设置三通温控调节阀；散热器立管距离散热边缘 >300 mm 6. 散热器：每组散热器装设 ϕ10 手动放风阀，用于排除散热器内积聚的空气 7. 介质走向：介质流向由室外向室内，即由采暖供水管，经过供水总立管，沿着供水干管先流向立管 $\boxed{N1/1}$，在立管 $\boxed{N1/1}$ 处进行分支，一部分接着向立管 $\boxed{N1/2}$ 流，另一部分进入立管 $\boxed{N1/1}$，依次类推；介质顺着立管 $\boxed{N1/1}$ 逐次给各楼层散热器供暖，立管 $\boxed{N1/1}$ 回水汇到总回水干管上，当经过管 $\boxed{N1/2}$ 时与其汇合，然后顺着回水坡度方向与其他立管依次汇合，此环路回水末端与另一环路进行汇合 8. 标高：在系统图中体现标高，管道标高均指管中心标高，以 m 计	
	平面图	1. 供、回水总管：采暖供、回水总管分布在⑤轴和⑥轴之间，管径均为 DN70 2. 供水总立管：布置在靠近①轴处向上供暖，在二层棚下 400 mm 处分成二环 3. 散热器：①轴和Ⓐ轴房间内的散热器除立管 $\boxed{N1/7}$ 带的一层散热器（靠墙布置）外，均在窗子下面布置；散热片数在图中均有标识，均为示意图 4. 散热器立管：除立管 $\boxed{N1/3}$、$\boxed{N1/4}$、$\boxed{N1/7}$、$\boxed{N1/8}$ 靠墙角布置外，其余均布置在窗间墙中间位置 5. 阀门：N1 环路总回水干管上关断阀门在靠近 C 轴处布置 6. 自动排气阀：布置在二层棚下 400 mm 处靠近⑨轴和⑩轴中间位置 7. 固定支架：在平面图中，一、二层的供、回水干管上隔一段距离均布置有固定支架 8. 敷设方式：除回水总干管在地沟中布置，其余管道明装 9. 定位尺寸：建筑物轴线尺寸如图标注，以 mm 计	

案例2：完成室内供暖工程列项

利用"直观项+隐含项"的列项思维，识读平面图、系统图等图列出直观项，再依托设计总说明、定额、施工工艺等分析列出隐含项，来实现教学楼室内供暖工程正确分部分项工程项目划分。

任务布置：根据本案例所给施工图样，结合定额对教学楼室内供暖工程 N1 环路进行列项，并填写任务表。

问题思考：（1）从平面图、系统图上可以看到的"直观项"有哪些？
　　　　　（2）从设计总说明、室内供暖施工工艺、定额中可以分析出哪些"隐含项"？

成果展示：任务成果如表 2.1.3 所示。

表 2.1.3　室内供暖工程（N1 环路）列项任务表

实训项目	实训内容		备注
教学楼室内供暖工程（N1 环路）列项	直观项	根据识读平面图、系统图可以看到的直观项有： 1. 室内供暖管道安装 2. 阀门安装 3. 散热器组对与安装 4. 自动排气阀安装 5. 管道固定支架制作安装	根据本案例图样直观得出
	隐含项	从设计总说明、室内供暖工程施工工艺及定额等分析出的隐含项有： 6. 管道滑动支架制作与安装 7. 套管制作与安装 8. 管道除锈、刷油 9. 管道支架除锈、刷油 10. 散热器除锈、刷油 11. 管道保温 12. 保护层安装 13. 保护层刷油	根据本案例设计总说明，掌握的室内供暖工程施工工艺及定额规定等分析得出

❖ **每课寄语**

物理课上学习过"合力"的概念，当一个木块受到多个力同时作用，它的运动方向将不由其中的某个力决定，而是由这些力所共同产生的"合力"决定。团队就像这样一个小木块，而其中的每个人，就好比是对它施加的一个外力。我们常常说的协同力，就是团队的合力，即团队里每个成员的行动力的合力。

1923 年，心理学家弗洛伊德将人的心灵分成了三个部分，分别是：第一，本我，即人的本能欲望，用本能来判断是否"想做"某件事；第二，自我，即个人有意识的部分，负责处理现实世界的事情，用理性思考来判断某件事是否"值得做、做得了"；第三，超我，即道德化的自我，由社会规范、伦理道德、价值观念内化而来，是基于角色的要求来判断，你是否"应该做"某件事。这"三个我"共同决定了你会采用什么方式和态度去做一件事情。换句话说，个人行动力的大小和方向，是由每个人内在的这"三个我"的合力所决定的。

基于以上论述，应该认识到团队协作精神的建立是非常必要和有深远意义的。

[训后拓展]

2.1.4　实操训练

1. 项目描述

该项目为黑龙江省×××小学教学楼采暖工程，所用的施工图样为一层采暖平面图（图 2.1.1，见书后插页）、二层采暖平面图（图 2.1.2，见书后插页）、采暖系统图（图 2.1.3，见书后插页）、采暖设计说明（图 2.1.4）。

该建筑共 2 层，建筑高度为 7.60 m，系统采暖型式为上供下回式采暖系统。本实训内容截选自该项目采暖系统中的 N2 环路。

2. 任务要求

根据上述项目所给的条件，分别完成以下 2 个实操训练任务，并将任务成果以文字的形式填写在表 2.1.4 中。

（1）通过设计总说明、平面图及系统图等完成本项目室内供暖工程 N2 环路图纸识读。

（2）根据"直观项+隐含项"列项思维，完成本项目室内供暖工程 N2 环路列项。

表 2.1.4　室内供暖工程（N2 环路）识图及列项任务表

工程名称：　　　　　　　　　　　　　　　　　　　　　　　　第　页　共　页

实训项目	实训内容		备注
教学楼室内供暖工程（N2 环路）识图	设计说明		
	系统图		

图纸

×××小学教学楼采暖工程

任务2.1

实操训练答案

续表

实训项目	实训内容		备注
教学楼室内供暖工程 （N2 环路）识图	平面图		
教学楼室内供暖工程 （N2 环路）列项	直观项		
	隐含项		

班级：　　　　　姓名：　　　　　日期：　　　　　审阅：　　　　　成绩：

任务 2.2　供暖器具计量与清单

■ 学习目标

1. 掌握供暖器具计量规则及注意事项。
2. 正确设置供暖器具工程量清单项目。
3. 提升 X 技能，利用 BIM 安装计量软件识别供暖器具。

■ **素质目标**

1. 培养分析问题，解决问题的能力。
2. 服从分配，积极配合，确立团队协作意识。
3. 培养科学精神、创新精神。

■ **学习要点**

1. 清楚供暖器具材质、类型划分。
2. 掌握不同材质、类型散热器的施工工序流程。
3. 在软件中建立供暖器具模型时，注意正确选择不同连接形式。
4. 项目特征描述要详尽、全面。
5. 对接 X 技能：工程数字造价，提升建模能力。

[训前导学]

2.2.1　散热设备

　　散热设备是将热量有效地散发到采暖房间的终端设备，如散热器、辐射板等，本节主要讲散热器的类型及构成。供暖系统中的散热器，主要有铸铁散热器、钢制散热器和铝合金散热器。其中铸铁散热器的主要类型有翼型散热器和柱型散热器；钢制散热器的主要类型有钢串片散热器、光排管散热器、板式散热器、钢制柱型散热器和扁管散热器。

1. 铸铁散热器

　　由铸铁制成的柱型散热器，有四柱（见图 2.2.1）、五柱及二柱（见图 2.2.2）三种形式。散热器每片厚度为 60 mm、80 mm 两种；宽度为 132 mm、143 mm、164 mm 三种；散热器同侧进出口中心距有 300 mm、500 mm、600 mm、900 mm 四种。由于铸铁散热器金属的热强度高、传热系数大，易于清灰，易于组合成所需的散热面积，广泛用于住宅建

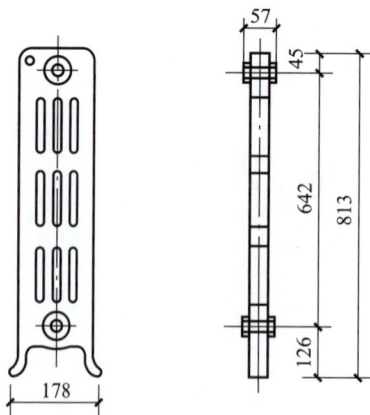

图 2.2.1　四柱 813 散热器

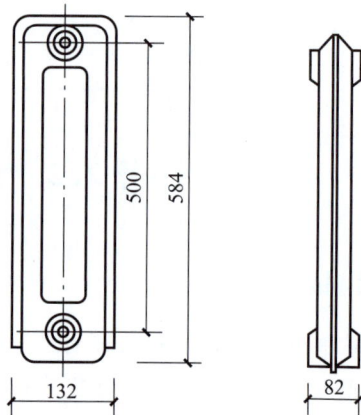

图 2.2.2　二柱 M132 散热器

筑和公共建筑中。

翼型散热器分圆翼型和长翼型两种。圆翼型散热器标准长度有 750 mm 和 1 000 mm 两种，在施工图中仅注明其根数×排数（如 3×2，3 表示每排根数，2 表示排数）；长翼型散热器标准长度有 200 mm 和 280 mm 两种，宽度为 115 mm，同侧进出口中心距为 500 mm，高度为 595 mm。在施工图标注时只注其片数。图 2.2.3、图 2.2.4 分别为圆翼型和长翼型散热器示意图。

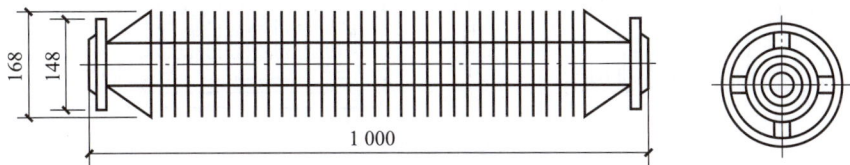

图 2.2.3　圆翼型散热器

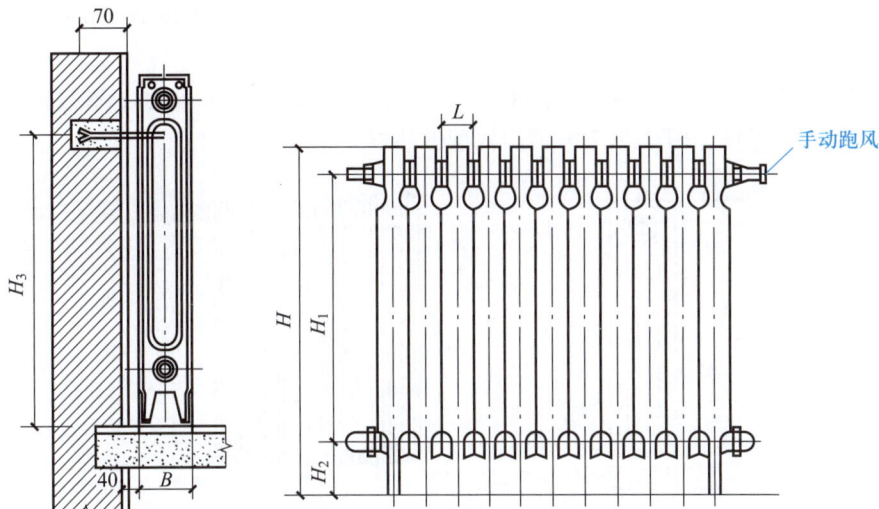

图 2.2.4　长翼型散热器

2. 钢制散热器

钢制散热器主要有闭式钢串片对流散热器、板式散热器、扁管散热器、钢制柱型散热器四种。闭式钢串片对流散热器规格以"长×宽"表示，其长度可按设计要求制作。图 2.2.5 为闭式钢串片对流散热器示意图。

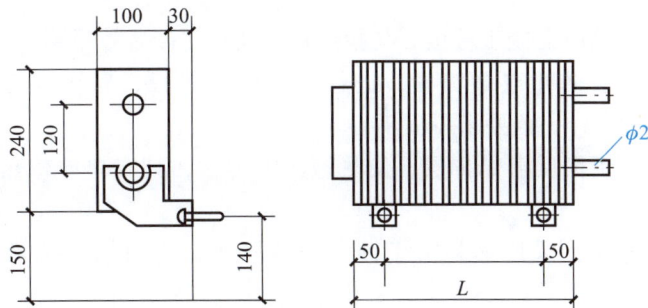

图 2.2.5　闭式钢串片对流散热器

板式散热器的高度有 380 mm、480 mm、580 mm、680 mm、980 mm 五种，长度有 600 mm、800 mm、1 000 mm、1 200 mm、1 400 mm、1 600 mm、1 800 mm 七种。图 2.2.6 为板式散热器示意图。

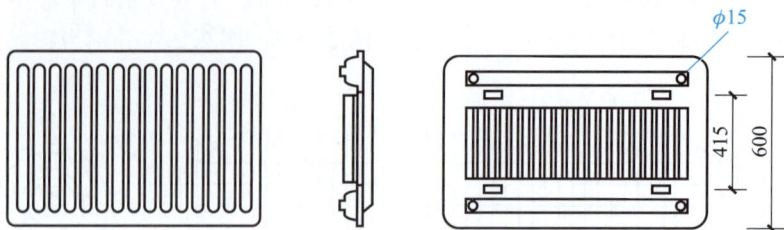

图 2.2.6　板式散热器

扁管散热器外形尺寸以 52 mm 为基数，形成三种高度规格：416 mm（8 根）、520 mm（10 根）和 624 mm（12 根），长度由 600 mm 开始，以 200 mm 进位到 2 000 mm 共八种规格。

钢制柱型散热器长度有 400 mm、600 mm、700 mm、1 000 mm 四种，高度有 120 mm、140 mm、160 mm 三种。图 2.2.7 为钢制柱型散热器。

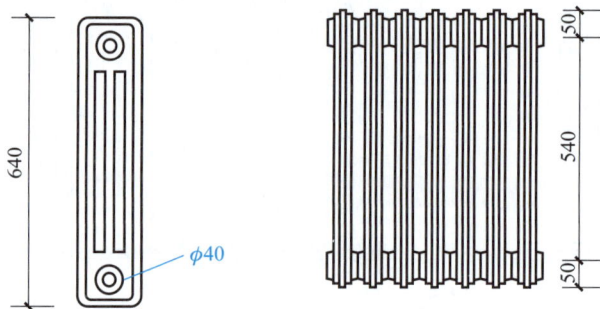

图 2.2.7　钢制柱型散热器

2.2.2　地板辐射采暖

地板辐射采暖简称地暖，是指通过预埋在建筑物地板内的加热管辐射散热的供暖方式，是一种卫生条件和舒适标准都比较高的供暖形式，近些年得到了广泛的应用，其构造如图 2.2.8 所示。

（1）混凝土层：钢筋混凝土楼板，是指结构层及水泥砂浆找平层。

（2）隔热保温层：防止热量流失，进行保温的隔热板，有聚苯乙烯发泡板（XPS 板）、泡沫混凝土（YX，一般要求厚度不小于 30 mm）。

（3）热反射层：铝箔反射保护层，使热量向上传输，具有单向传热、保温和防水的功能。

（4）钢丝网固定层：采用塑料卡丁固定地热管线，均匀辐射热量，避免局部温度过高。

（5）地暖管层：一般为 PE-RT、PE-X、PB 等的水热管、电缆或电热膜的电热管两

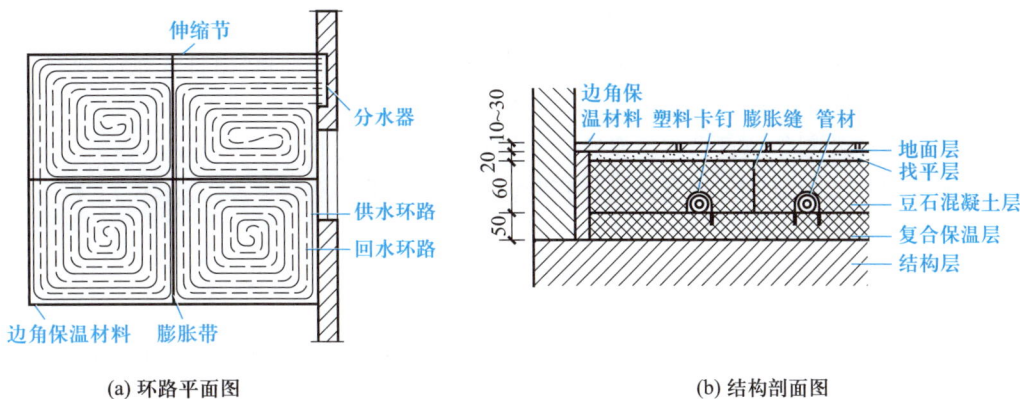

(a) 环路平面图 (b) 结构剖面图

图 2.2.8 地板辐射采暖结构图

种不同的供热方式。

（6）填充层：采用豆石混凝土浇制，具有均热蓄热的作用。

（7）地面面层：铺设材料及防潮材料，如木地板、瓷砖等。

（8）末端装置：有分（集）水器、温控装置、阀门及连接件等。分（集）水器是末端的中心部件，分水器是向各支管路分配热水；集水器是汇集各支管路的回水。

2.2.3 工程量计算规则

1. 供暖器具计量

（1）铸铁散热器安装分落地安装和挂式安装。铸铁散热器组对安装以"10片"为计量单位；成组铸铁散热器安装按每组片数以"组"为计量单位。

（2）钢制柱型散热器安装按每组片数以"组"为计量单位；闭式散热器安装以"片"为计量单位；其他成品散热器安装以"组"为计量单位。

（3）艺术造型散热器按与墙面的正投影（高×长）计算面积，以"组"为计量单位。不规则形状以正投影轮廓的最大高度乘以最大长度计算面积。

（4）光排管散热器制作分A型、B型，区分排管公称直径，按图示散热器长度计算排管长度，以"10 m"为计量单位，其中联管、支撑管不计入排管工程量；光排管散热器安装不分A型、B型，区分排管公称直径，按光排管散热器长度以"组"为计量单位。

（5）暖风机安装按设备质量，以"台"为计量单位。

（6）集气罐制作与安装，按规格不同以"个"为计量单位。

供暖器具计量相关说明如下：

① 各型散热器不分明装、暗装，均按材质、类型执行同一定额子目。

② 各型散热器的成品支托架（钩、卡）安装，是按采用膨胀螺栓固定编制的，如工程要求与定额不同时，可按照《通用安装工程消耗量定额》第十册《给排水、采暖、燃气工程》的第十一章有关项目进行调整。

③ 铸铁散热器按柱型（柱翼型）编制，区分带足、不带足两种安装方式。

④ 钢制板式散热器安装不论是否带对流片，均按安装形式和规格执行同一项目。钢制卫浴散热器执行钢制单板板式散热器安装项目。

微课

供暖器具计量

⑤ 钢制翅片管散热器安装项目包括安装随散热器供应的成品对流罩。

⑥ 钢制板式散热器、金属复合散热器、艺术造型散热器的固定组件，按随散热器配套供应编制，如散热器未配套供应，应增加相应材料的消耗量。

⑦ 排管散热器制作项目已包括联管、支撑管所用人工与材料。

⑧ 暖风机安装项目不包括支架制作安装，应另行计算。

2. 地板辐射采暖计量

（1）地板辐射采暖管道区分管道外径，按设计图示中心线长度计算，以"10 m"为计量单位。

（2）保护层（铝箔）、隔热板、钢丝网按设计图示尺寸计算实际铺设面积，以"10 m²"为计量单位。

（3）边界保温带按设计图示长度以"10 m"为计量单位。

（4）热媒集配装置安装区分带箱、不带箱，按分支管环路数以"组"为计量单位。

地板辐射采暖计量相关说明如下：

① 地板辐射采暖塑料管道敷设项目包括固定管道的塑料卡钉（管卡）安装、局部套管敷设及地面浇筑的配合用工。

② 地板辐射采暖塑料管道在跨越建筑物的伸缩缝、沉降缝时所铺设的塑料板条，应按照边界保温带安装项目计算，塑料板条材料消耗量可按设计要求的厚度、宽度进行调整。

③ 成组热媒集配装置包括成品分集水器和配套供应的固定支架及与分支管连接的部件。固定支架如不随分集水器配套供应，需现场制作时，按照《通用安装工程消耗量定额》第十册《给排水、采暖、燃气工程》的第十一章相应项目另行计算。

2.2.4 供暖器具清单设置

《通用安装工程工程量计算规范》中附录 K 是针对给排水、采暖、燃气工程的工程量清单项目。与本案例相关的供暖器具清单项目见表 2.2.1。

表 2.2.1 供暖器具（编码：031005）

项目编码	项目名称	项目特征	计量单位	工程量计算规则	工作内容
031005001	铸铁散热器	1. 型号、规格 2. 安装方式 3. 托架形式 4. 器具、托架除锈、刷油设计要求	片（组）	按设计图示数量计算	1. 组对、安装 2. 水压试验 3. 托架制作、安装 4. 除锈、刷油
031005002	钢制散热器	1. 结构形式 2. 型号、规格 3. 安装方式 4. 托架刷油设计要求	组（片）		1. 安装 2. 托架安装 3. 托架刷油
031005003	其他成品散热器	1. 材质、类型 2. 型号、规格 3. 托架刷油设计要求			

续表

项目编码	项目名称	项目特征	计量单位	工程量计算规则	工作内容
031005004	光排管散热器	1. 材质、类型 2. 型号、规格 3. 托架形式及做法 4. 器具、托架除锈、刷油设计要求	m	按设计图示排管长度计算	1. 制作、安装 2. 水压试验 3. 除锈、刷油
031005005	暖风机	1. 质量 2. 型号、规格 3. 安装方式	台	按设计图示数量计算	安装
031005006	地板辐射采暖	1. 保温层材质、厚度 2. 钢丝网设计要求 3. 管道材质、规格 4. 压力试验及吹扫设计要求	1. m² 2. m	1. 以平方米计量，按设计图示采暖房间净面积计算 2. 以米计量，按设计图示管道长度计算	1. 保温层及钢丝网铺设 2. 管道排布、绑扎、固定 3. 与分集水器连接 4. 水压试验、冲洗 5. 配合地面浇注
031005007	热媒集配装置	1. 材质 2. 规格 3. 附件名称、规格、数量	台	按设计图示数量计算	1. 制作 2. 安装 3. 附件安装
031005008	集气罐	1. 材质 2. 规格	个		1. 制作 2. 安装

注：① 铸铁散热器包括拉条制作安装。
② 钢制散热器结构形式包括钢制闭式、板式、壁板式、扁管式及柱式散热器等，应分别列项计算。
③ 光排管散热器包括联管制作安装。
④ 地板辐射采暖包括与分集水器连接和配合地面浇注用工。

2.2.5　供暖器具 BIM 算量模型建立

进入广联达 BIM 安装算量软件，在左侧导航栏处找到供暖器具指引项，在"构件列表"中建立各种供暖器具分项，利用"设备提量"功能建立模型。

供暖器具 BIM
建模实操

[训中探析]

2.2.6　案例分析

案例1：完成供暖器具计量

任务描述： 本案例为×××小学教学楼采暖工程。应按照 2019 版黑龙江省建设工程计价依据《通用安装工程消耗量定额》中的工程量计算规则，以及设计文件中的工程内

×××小学教学楼采暖工程

容、设计说明及定额解释等执行任务。

任务布置：根据本案例所给的施工图样，结合定额中计量规则对 N1 环路供暖器具进行计算，并将结果汇总。

成果展示：经计算后的本案例 N1 环路供暖器具工程量计算最终任务成果见表 2.2.2。

表 2.2.2　工程量计算表

工程名称：×××小学教学楼采暖工程（N1 环路）　　　　　　　　第 1 页　共 1 页

序号	项目名称	工程量计算式	单位	数量	备注
一	供暖器具				
1	四柱 760 型铸铁散热器	［12+22+22+22+22+25+25+25+25+15+15+18+25+25+25+15+15+15+15］（一层）+［13+15+15+15+15+18+18+18+18+17+17+18+18+18+18+18+15+15］（二层）	片	707	

案例 2：完成供暖器具清单设置

任务描述：本案例为×××小学教学楼采暖工程，其供暖器具清单设置，应按照上述所给设计文件和《通用安装工程工程量计算规范》中相关规定进行编制。

任务布置：根据上述 N1 环路供暖器具工程量计算结果，完成供暖器具清单项目设置，并形成工程量清单列表。

清单项目设置过程：以本案例 N1 环路为例，清单项目设置思维及过程如下：

（1）项目编码

由表 2.2.1 得知铸铁散热器前九位清单编码为 031005001，后三位自编码从 001 编起，所以本案例铸铁散热器的十二位项目编码为：031005001001。

（2）项目名称

根据表 2.2.1 规定，本案例项目名称为：铸铁散热器。

（3）项目特征描述

由表 2.2.1 可知针对铸铁散热器的项目特征方向指引为：① 型号、规格；② 安装方式；③ 托架形式；④ 器具、托架除锈、刷油设计要求。因此，结合本案例特点，清单项目具体特征描述如下：

1. 型号、规格：四柱 760 型铸铁散热器
2. 安装方式：挂式
3. 器具、托架除锈、刷油设计要求：刷一道防锈漆，两道调和漆

（4）计量单位

根据表 2.2.1 规定，计量单位为"片"。

（5）工程量

根据上面计算结果，铸铁散热器的工程量为：707。

综上所述，清单编制五要素全部设置完成后，铸铁散热器的清单项目设置见表 2.2.3。

表 2.2.3　分部分项工程量清单表

项目编码	项目名称	项目特征描述	计量单位	工程量
031005001001	铸铁散热器	1. 型号、规格：四柱760型铸铁散热器 2. 安装方式：挂式 3. 器具、托架除锈、刷油设计要求：刷一道防锈漆，两道调和漆	片	707

成果展示：本案例供暖器具工程量清单项目设置最终任务成果见表2.2.4。

表 2.2.4　分部分项工程量清单表

工程名称：×××小学教学楼采暖工程（N1环路）　　　　　　　第1页　共1页

序号	项目编码	项目名称	项目特征描述	计量单位	工程量
1	031005001001	铸铁散热器	1. 型号、规格：四柱760型铸铁散热器 2. 安装方式：挂式 3. 器具、托架除锈、刷油设计要求：刷一道防锈漆，两道调和漆	片	707

❖ 每课寄语

随着建筑行业技术的不断成熟、完善，越来越多的新技术、新材料、新工艺、新设备层出不穷，并被广泛应用，供暖器具也不例外，其安全可靠性也大大提高。造价人要与时俱进，与行业前沿紧密接轨，要不断更新和储备新知识，了解新材料和新设备构造、性能、安装方式等，解锁新技术、新工艺，据实判断和核定报价，要避免与实际发生费用产生差距，并在行业中不断探索和前行。

在当今各行各业迅速发展的大背景下，同学们应大胆创新，努力探索，积极推动安装工程造价行业稳步健康发展。

［训后拓展］

2.2.7　实操训练

1. 任务描述

本案例为×××小学教学楼采暖工程。应按照2019版黑龙江省建设工程计价依据《通用安装工程消耗量定额》中的工程量计算规则，以及设计文件中的工程内容、设计说明及定额解释等执行任务。

2. 任务要求

根据上述项目所给的条件，分别完成以下2个实操训练任务：

（1）依据施工图样完成本项目N2环路供暖器具计量，并将任务成果填写在工程量计算表 2.2.5 中。

表 2.2.5   工程量计算表

工程名称：   第   页 共   页

序号	项目名称	计算式	计量单位	工程量

班级：   姓名：   日期：   审阅：   成绩：

（2）根据上述（1）计算出的工程量及《通用安装工程工程量计算规范》附录 K，完成该项目 N2 环路供暖器具清单项目的设置，并将任务成果填写在表 2.2.6 中。

表 2.2.6　分部分项工程量清单表

工程名称：　　　　　　　　　　　　　　　　　　　　　　　　　第　页　共　页

序号	项目编码	项目名称	项目特征描述	计量单位	工程量

班级：　　　　　姓名：　　　　　日期：　　　　　审阅：　　　　　成绩：

任务 2.3　供暖管道及附件计量与清单

■ 学习目标

1. 熟悉供暖管道、阀门、套管等计量规则及计算方法。
2. 能准确对管道及附件计量，会编制相应工程量清单。
3. 提升 X 技能，利用 BIM 安装计量软件建立模型。

■ 素质目标

1. 培养职业道德、职业能力。
2. 培养科学精神、工匠精神。
3. 建立工程思维，做事有计划、有总结。

■ 学习要点

1. 根据系统划分界限，遇到变径会判断"节点"。
2. 分清管道水平管、垂直管，不同类型的管计算方法与计算依据图样不同。
3. 正确盘点实物量，避免漏项。
4. 项目特征描述要详尽、全面。
5. 对接 X 技能：工程数字造价，提升建模能力。

［训前导学］

2.3.1　供暖管道及附件计量

在编制室内供暖工程造价时，其工程量计算应按《全国统一安装工程工程量计算规则》和《全国统一安装工程预算定额》中第八册《给排水、采暖、燃气工程》的有关规定执行。不同专业不同定额规定了各自的适用范围和执行界限，各册管道定额的执行界限要遵循一定的原则，必须明确不同定额各自规定的执行界限，才能正确计算工程量。

2019 版黑龙江省《通用安装工程消耗量定额》中第十册《给排水、采暖、燃气工程》针对供暖管道及附件的计量规则如下。

1. 供暖管道计量

（1）供热管道界限划分

① 室外供暖管道与市政供暖管道的界限，以室外供暖管道与市政供暖管道的碰头井为界。

② 市政供暖管道与工厂内供暖管道的界限，以厂区入口第一个计量表（阀门）井为界。

③ 室内外给水管道以建筑物外墙皮 1.5 m 为界，建筑物入口处设阀门者以阀门为界，

[动画]

供暖管道界限
划分

室外设有采暖入口装置者以入口装置循环管三通为界。

④ 与工业管道界限以锅炉房或热力站外墙皮 1.5 m 为界。

⑤ 与设在建筑物内的换热站管道以站房外墙皮为界。

具体供热管道界限划分如图 2.3.1 所示。

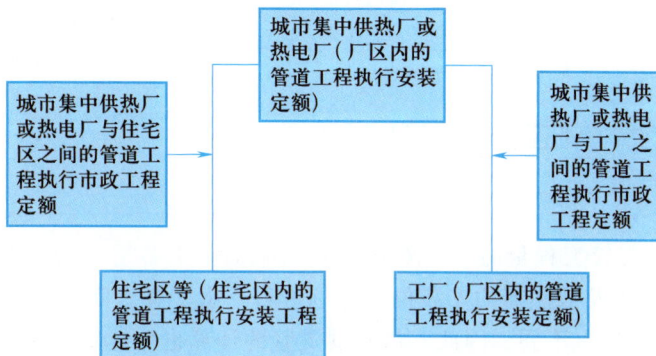

图 2.3.1　供暖管道界限划分示意图

（2）供暖管道计量规则

① 各类管道安装（地板下、地面内敷设的地热管除外），按室内外、材质、连接形式、规格分别列项，以"10 m"为计量单位。定额中塑料管按公称外径表示，其他管道均按公称直径表示。

② 各类管道安装工程量，均按设计管道中心线长度，以"10 m"为计量单位，不扣除阀门、管件、附件所占的长度。

供暖管道计量相关说明如下：

① 钢管安装定额中包括弯管制作与安装（伸缩器除外），无论是现场煨制或成品弯管不得换算，定额中不包括方形、圆形补偿器的制作。

② 在计算干管安装时，变径点在小管径的一侧，距离三通分支管为 200~300 mm。

③ 在计算采暖系统散热器立管时，应按管道系统图中的立管标高及立管的布置形式（顺流式、跨越式）计算工程量，见表 2.3.1。

表 2.3.1　散热器立管长度计算

图示	计算
以顺流式为例： 	$$H = h_1 - h_2 - h_0 \times n \quad (2.3.1)$$ 式中　h_1——供水干管标高，m； 　　　h_2——回水干管标高，m； 　　　h_0——散热器进出口中心距，m； 　　　n——楼层数

采暖系统管道计量（微课）

续表

图示	计算
以跨越式为例： 	$$H = h_1 - h_2 \qquad (2.3.2)$$ 式中 h_1——供水干管标高，m； 　　　h_2——回水干管标高，m

④ 在计算散热支管工程量时，一般按照建筑平面图上各房间的细部尺寸（如窗户、窗间墙等），结合立管及散热器的安装位置分别进行。由于各房间散热器的大小不同，立管和散热器的安装位置也不同，因此，散热器支管的计算也比较复杂，下面举例说明。

例如，窗的尺寸相同，散热器在窗中心安装，见表 2.3.2。

表 2.3.2 单管散热器支管长度计算

图示	计算
以单侧连接为例： 	$L = A + 1/2$（窗宽−散热器长） 　 $= A + 1/2$（窗宽−片数×每片厚度） (2.3.3) 式中 L——单根支管长度，m； 　　　A——散热器立管中心距窗边长度，根据立管占位量截所得
以双侧连接为例： 	$L = A +$（窗宽−散热器长） 　 $= A +$（窗宽−片数×每片厚度） (2.3.4) 式中 L——单根支管长度，m； 　　　A——窗间墙宽度，m。 注：此种情况前提是双侧窗宽、散热器长度都相同，若不同，则分别计算

注：① 一组散热器支管长度计算，上式×2。
　　② 整根或多根立管一起计算，式中的片数应为整根或多根立管的平均片数，同时注意公式应×2、×层数或立管根数。多根立管合并一起计算的前提为窗户尺寸及安装形式均相同。
　　③ 特殊情况：散热器靠侧墙安装：每根支管按 0.6 m 计算。
　　　　　　　　串联连接：连接管为 DN40，每根按 0.3 m 计算。
　　　　　　　　其他情况，视具体情况而定。
　　④ 各种散热器的外形尺寸（每片长度）可查找材料手册或产品说明书。

除上表还有很多其他形式，在计算时要根据具体情况而定，不在这里一一列举。

2. 管道附件计量

（1）阀门安装

阀门安装按照不同连接方式、公称直径，以"个"为计量单位。

注：阀门安装综合考虑了标准规范要求的强度及严密性试验工作内容。

（2）套管制作安装

套管可分为塑料套管、钢套管、柔性防水套管及刚性防水套管。柔性及刚性防水套管适用于管道穿过建筑物时管道必须要密封和防水要求的部位。

一般穿墙套管、柔性套管、刚性套管，按工作介质管道的公称直径，分规格以"个"为计量单位。

注：① 刚性防水套管、柔性防水套管安装项目、一般套管制作安装项目中，包括了配合预留孔洞及浇筑混凝土工作内容。

② 保温管道穿墙、板采用套管时，按保温层外径规格执行套管相应项目。

③ 套管安装项目中，包括了配合预留孔洞、浇筑混凝土、堵洞工作内容。

3. 管道水压试验计量

管道水压试验、消毒冲洗按设计图示管道长度，分规格以"100 m"为计量单位。

4. 采暖工程系统调试

采暖工程系统调试按采暖工程系统计算，以"系统"为计量单位。

2.3.2　供暖管道及附件清单设置

《通用安装工程工程量计算规范》中附录K是针对给排水、采暖、燃气工程的工程量清单项目。室内供暖工程清单项目的设置需要依据计量规范规定进行编制。

（1）给排水、采暖、燃气管道清单项目如表2.3.3所示。

表2.3.3　给排水、采暖、燃气管道（编码：031001）

项目编码	项目名称	项目特征	计量单位	工程量计算规则	工作内容
031001002	钢管	1. 安装部位 2. 介质 3. 规格、压力等级 4. 连接形式 5. 压力试验及吹、洗设计要求 6. 警示带形式	m	按设计图示管道中心线以长度计算	1. 管道安装 2. 管件制作、安装 3. 压力试验 4. 吹扫、冲洗 5. 警示带铺设

注：安装部位指管道安装在室内、室外。

（2）管道附件清单项目如表2.3.4所示。

表2.3.4　管道附件（编码：031003）

项目编码	项目名称	项目特征	计量单位	工程量计算规则	工作内容
031003001	螺纹阀门	1. 类型 2. 材质 3. 规格、压力等级 4. 连接形式 5. 焊接方法	个	按设计图示数量计算	1. 安装 2. 电气接线 3. 调试
031003003	焊接法兰阀门				
031003011	法兰	1. 材质 2. 规格、压力等级 3. 连接形式	副（片）	按设计图示数量计算	安装

注：塑料阀门连接形式需注明热熔连接、粘接、热风焊接等方式。

（3）支架及其他清单项目如表 2.3.5 所示。

表 2.3.5　支架及其他（编码：031002）

项目编码	项目名称	项目特征	计量单位	工程量计算规则	工作内容
031002003	套管	1. 名称、类型 2. 材质 3. 规格 4. 填料材质	个	按设计图示数量计算	1. 制作 2. 安装 3. 除锈、刷油

注：套管制作安装适用于穿基础、墙、楼板等部位的防水套管、填料套管、无填料套管及防火套管等，应分别列项。

（4）采暖、空调水工程系统调试清单项目如表 2.3.6 所示。

表 2.3.6　采暖、空调水工程系统调试（编码：031009）

项目编码	项目名称	项目特征	计量单位	工程量计算规则	工作内容
031009001	采暖工程系统调试	1. 系统形式 2. 采暖管道工程量	系统	按采暖工程系统计算	系统调试

注：① 由采暖管道、阀门及供暖器具组成采暖工程系统。
② 当采暖工程系统中管道工程量发生变化时，系统调试费用应做相应调整。

2.3.3　BIM 安装算量软件模型建立

1. 管道 BIM 模型建立

进入广联达 BIM 安装算量软件，在左侧导航栏列出管道分项，利用"直线"功能，沿着介质流向识别管道，建立模型。

算量软件中，当对管道进行识别建模时，在管道下面的属性窗口里将附属项参数设置完成，软件对管道识别成功后，会自动计算管道附属项工程量。

2. 管道附件模型建立

手工算量后，进入广联达 BIM 安装算量软件，在左侧导航栏处找到"管道附件"指引项，在"构件列表"中建立各种管道附件分项，利用"设备提量"或"点绘"功能建立模型，并注意属性的设置。

3. 套管识别

在左侧导航栏中，先选择"建筑结构"中的"墙"和"现浇板"，把墙和楼板识别出来后，再选择"零星构件"生成套管，但要注意在套管识别时，一定要在墙体和楼板识别的范围之内进行，否则无法识别到。

［训中探析］

2.3.4　案例分析

案例 1：完成室内供暖管道及附件计量

供暖管道及附件
BIM 建模实操

任务描述：本案例为×××小学教学楼采暖工程。应按照 2019 版黑龙江省建设工程计价依据《通用安装工程消耗量定额》中工程量计算规则，以及设计文件中的工程内容、设计说明及定额解释等执行任务。

任务布置：根据本案例所给的施工图样，结合定额中计量规则对供水入户总干管、N1 环路供暖管道及附件进行计量，并将结果汇总。

计算过程：本案例以采暖供水总干管 DN70 为例，其管道手工计量过程及步骤如下。

（1）采暖入户管计算—分界线界定

采暖入户管 DN70：[2.50（界线为室外阀门处）]（水平管）+[1.70-0.60]（垂直管）= 3.60 m，如图 2.3.2 所示。

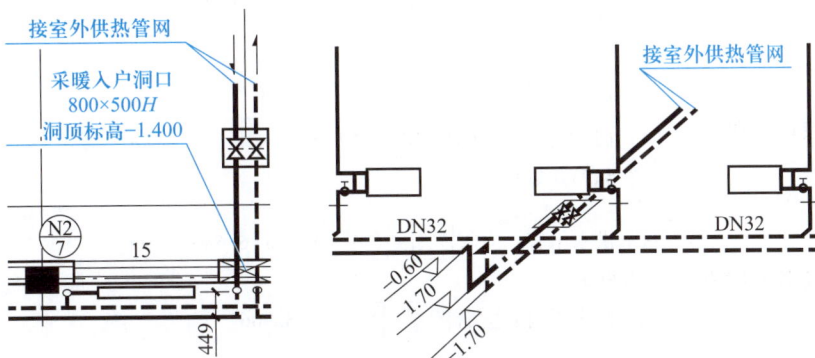

图 2.3.2　采暖入户管位置图

（2）干、立管计算—找节点

采暖干管位置如图 2.3.3 所示。

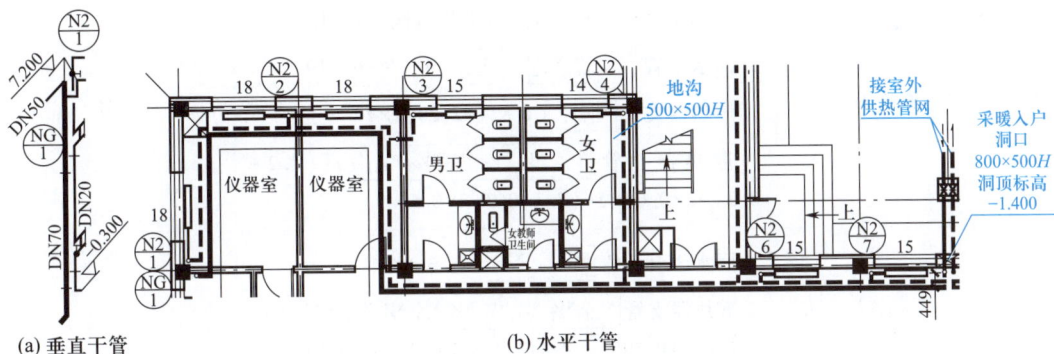

图 2.3.3　采暖干管位置图

① 垂直方向立管 DN70：[7.20 m（干管上标高）-0.50 m（干管分支处节点）-(-0.60) m（干管下标高）]（标高差）= 7.30 m。

② 水平方向干管 DN70：0.449 m+18.638 m+4.852 m+5.751 m+4.290 m+0.475 m = 34.46 m。所以，采暖干管 DN70：7.30 m+34.46 m=41.76 m。

本案例采暖供水干管 DN70 工程量汇总为：3.60 m+41.76 m=45.36 m。

说明：本案例中其他规格的管计算过程及步骤与 DN70 相同，管道附件严格按计量规则到图中进行盘点。

成果展示：本案例管道及附件工程计量最终任务成果见表 2.3.7。

表 2.3.7　工程量计算表

工程名称：×××小学教学楼采暖工程（N1 环路）　　　　　　　　　　第 1 页　共 1 页

序号	项目名称	工程量计算式	单位	数量	备注
一	室内采暖管道				
1	焊接钢管 DN70	入户管：[2.50（界线为室外阀门处）]（水平管）+ [1.70-0.60]（垂直管） 干管：[7.20（干管上标高）-0.50（干管分支处节点）-（-0.60）（干管下标高）]（垂直管）+ [0.449+18.638+4.852+5.751+4.290+0.475]（水平管）	m	45.36	
2	焊接钢管 DN50	供水干管：立管 $\boxed{NG/1}$ ~ $\boxed{N1/1}$　2.146 回水干管：立管 $\boxed{N1/11}$ ~ NI 环路末端　3.441+7.549+0.200	m	13.34	
3	焊接钢管 DN40	供水干管：立管 $\boxed{N1/1}$ ~ $\boxed{N1/5}$　8.316+6.666+1.0+3.905 回水干管：立管 $\boxed{N1/8}$ ~ $\boxed{N1/11}$　18.906	m	38.79	
4	焊接钢管 DN32	供水干管：立管 $\boxed{N1/5}$ ~ $\boxed{N1/9}$　21.051 回水干管：立管 $\boxed{N1/4}$ ~ $\boxed{N1/8}$　1.250+15.153+2.747+5.056+2.747+0.798	m	48.80	
5	焊接钢管 DN25	供水干管：立管 $\boxed{N1/9}$ ~ 自动排气阀：16.154 回水干管：立管 $\boxed{N1/2}$ ~ $\boxed{N1/4}$：4.176+6.419 散热器支管 $\boxed{N1/6}$：（1.824+2.206）×2 散热器立管 $\boxed{N1/2\ N1/4\ N1/6\ N1/9\ N1/10\ N1/11}$：[（7.2+0.3）-2×0.6]×5+（7.2+0.3+2×0.6）	m	75.01	
6	焊接钢管 DN20	回水干管：管 $\boxed{N1/1}$ ~ $\boxed{N1/2}$：3.889 散热器支管 $\boxed{N1/1\ N1/2\ N1/3\ N1/4\ N1/5\ N1/7\ N1/8\ N1/9\ N1/10\ N1/11}$：[（0.625+0.596）+（2.447+1.977）+（0.479+0.686）+（0.482+0.709）+（1.786+2.214）+（0.372+0.761）+（0.434+0.822）+（1.738+2.214）+（1.800+2.190）+（1.522+1.861）]×2 散热器立管 $\boxed{N1/1\ N1/3\ N1/4\ N1/7\ N1/8}$：（7.2+0.3）×5	m	92.82	
二	阀门安装				
1	金属硬密封蝶阀 DN70	1（供水）	个	1	
	金属硬密封蝶阀 DN50	1（供水）+1（回水）	个	2	

续表

序号	项目名称	工程量计算式	单位	数量	备注
2	手动调节阀 DN50	1（供水）	个	1	
3	铜闸阀 DN25	（散热器立管上）[（N1 环路）3×6]	个	18	
	铜闸阀 DN20	（散热器立管上）[（N1 环路）5×2]	个	10	
4	三通温控调节阀 DN25	（散热器进水管段上）[（N1 环路）4]	个	4	
	三通温控调节阀 DN20	（散热器进水管段上）[（N1 环路）(2×5+4×5)]	个	30	
5	自动排气阀 DN25	N1 环路末端	个	1	
三	法兰安装				
1	法兰 DN70	1（与金属硬密封蝶阀配套）	副	1	
2	法兰 DN50	2（与金属硬密封蝶阀配套）+1（与手动调节阀配套）	副	3	
四	套管制作安装				
1	刚性防水套管 DN70	1（穿基础）	个	1	
2	钢套管 DN70	2（穿楼板）	个	2	
	钢套管 DN40	1（穿墙）	个	1	
	钢套管 DN32	3（穿墙）	个	3	
	钢套管 DN25	5（穿墙）+12（穿楼板）	个	17	
	钢套管 DN20	9（穿墙）+10（穿楼板）	个	19	
五	采暖工程系统调试		系统	1	

难点锁定——对于散热器支管计量，可否直接量截？

解锁难点——回答是"否定的"，需通过计算处理。以本案例立管 $\boxed{^{N2}/_1}$ 一层散热器支管为例，图 2.3.4 中加粗线标注处为所需计算的散热器支管，解决思路如下：

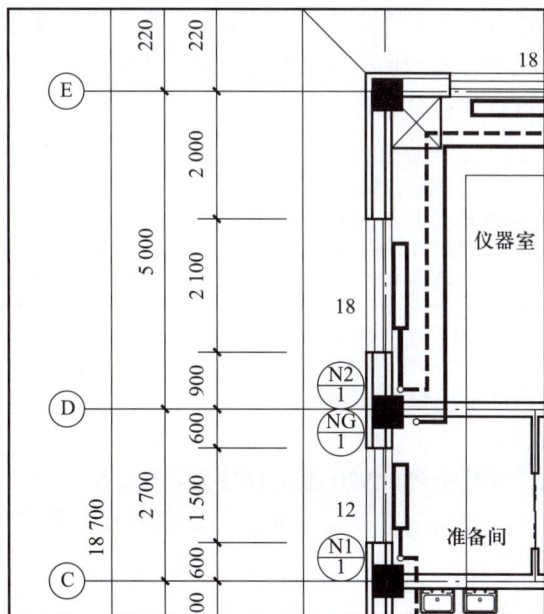

图 2.3.4　立管 $\boxed{^{N2}/_1}$ 一层散热器支管位置图

1. 计算依据（公式如下）

$$L = A+1/2（窗宽-散热器长）$$
$$= A+1/2（窗宽-片数×每片厚度）$$

式中 L——单根支管长度，m；

　　　　A——散热器立管中心距窗边长度，根据立管占位量截所得。

2. 问题解锁（套用公式）

本案例中 A 数据由图中标注得知为 0.586 m；四柱 760 每片厚度为 60 mm。

因此，单根支管

$$L=0.586 \text{ m}+1/2(2.10-18×0.06) \text{ m}=1.096 \text{ m}。$$

案例2：完成室内供暖管道及附件清单设置

任务描述：本案例为×××小学教学楼采暖工程。其室内供暖管道及附件清单设置，应按照上述所给设计文件和《通用安装工程工程量计算规范》（GB 50856—2013）中相关规定进行编制。

任务布置：根据上述管道及附件工程量计算结果，请完成室内供暖管道及附件清单项目设置，并形成工程量清单列表。

清单项目设置过程：以本案例采暖供水总干管 DN70 为例，清单项目设置思维及过程如下：

（1）项目编码

由表 2.3.3 得知，钢管前九位清单编码为 031001002，后三位自编码从 001 编起，所以本案例给水管 dn32 的十二位项目编码为：031001002001。

（2）项目名称

根据表 2.3.3 规定，本案例项目名称为钢管。

（3）项目特征描述

由表 2.3.3 可知，针对钢管的项目特征方向指引为：① 安装部位；② 介质；③ 规格、压力等级；④ 连接形式；⑤ 压力试验及吹、洗设计要求；⑥ 警示带形式。因此，结合本案例特点，清单项目具体特征描述如下：

---

1. 安装部位：室内
2. 规格、压力等级：DN70
3. 连接形式：焊接
4. 压力试验及吹、洗设计要求：按设计规定执行

（4）计量单位

根据表 2.3.3 规定，计量单位为"m"。

（5）工程量

根据上面计算结果，焊接钢管 DN70 的工程量为：45.36。

综上所述，清单编制五要素全部设置完成后，采暖供水总干管 DN70 的清单项目设置见表 2.3.8。

表 2.3.8　分部分项工程量清单表

项目编码	项目名称	项目特征描述	计量单位	工程量
031001002001	钢管	1. 安装部位：室内 2. 规格、压力等级：DN70 3. 连接形式：焊接 4. 压力试验及吹、洗设计要求：按设计规定执行	m	45.36

说明：本案例中其他项目清单设置方法与 DN70 相同。

成果展示：本案例管道及附件工程量清单项目设置最终任务成果见表 2.3.9。

表 2.3.9　分部分项工程量清单表

工程名称：×××小学教学楼采暖工程（N1 环路）　　　　　　　　第 1 页　共 1 页

序号	项目编码	项目名称	项目特征描述	计量单位	工程量
1	031001002001	钢管	1. 安装部位：室内 2. 规格、压力等级：DN70 3. 连接形式：焊接 4. 压力试验及吹、洗设计要求：按设计规定执行	m	45.36
2	031001002002	钢管	1. 安装部位：室内 2. 规格、压力等级：DN50 3. 连接形式：焊接 4. 压力试验及吹、洗设计要求：按设计规定执行	m	13.34
3	031001002003	钢管	1. 安装部位：室内 2. 规格、压力等级：DN40 3. 连接形式：焊接 4. 压力试验及吹、洗设计要求：按设计规定执行	m	38.79
4	031001002004	钢管	1. 安装部位：室内 2. 规格、压力等级：DN32 3. 连接形式：焊接 4. 压力试验及吹、洗设计要求：按设计规定执行	m	48.80
5	031001002005	钢管	1. 安装部位：室内 2. 规格、压力等级：DN25 3. 连接形式：焊接 4. 压力试验及吹、洗设计要求：按设计规定执行	m	75.01
6	031001002006	钢管	1. 安装部位：室内 2. 规格、压力等级：DN20 3. 连接形式：焊接 4. 压力试验及吹、洗设计要求：按设计规定执行	m	92.82
7	031003003001	焊接法兰阀门	1. 类型：金属硬密封蝶阀 2. 规格、压力等级：DN70 3. 连接形式：法兰连接	个	1

续表

序号	项目编码	项目名称	项目特征描述	计量单位	工程量
8	031003003002	焊接法兰阀门	1. 类型：金属硬密封蝶阀 2. 规格、压力等级：DN50 3. 连接形式：法兰连接	个	2
9	031003003003	焊接法兰阀门	1. 类型：手动调节阀 2. 规格、压力等级：DN50 3. 连接形式：法兰连接	个	1
10	031003001001	螺纹阀门	1. 类型：铜闸阀 2. 规格、压力等级：DN25 3. 连接形式：丝扣连接	个	18
11	031003001002	螺纹阀门	1. 类型：铜闸阀 2. 规格、压力等级：DN20 3. 连接形式：丝扣连接	个	10
12	031003001003	螺纹阀门	1. 类型：三通温控调节阀 2. 规格、压力等级：DN25 3. 连接形式：丝扣连接	个	4
13	031003001004	螺纹阀门	1. 类型：三通温控调节阀 2. 规格、压力等级：DN20 3. 连接形式：丝扣连接	个	30
14	031003001005	螺纹阀门	1. 类型：自动排气阀 2. 规格、压力等级：DN25 3. 连接形式：丝扣连接	个	1
15	031003011001	法兰	1. 材质：碳钢 2. 规格、压力等级：DN70	副	1
16	031003011002	法兰	1. 材质：碳钢 2. 规格、压力等级：DN50	副	3
17	031002003001	套管	1. 名称、类型：刚性防水套管 2. 材质：碳钢 3. 规格：DN70 4. 填料材质：油麻、石棉水泥等	个	1
18	031002003002	套管	1. 名称、类型：钢套管 2. 材质：碳钢 3. 规格：DN70 4. 填料材质：密封膏、油麻、石棉绳等	个	2
19	031002003003	套管	1. 名称、类型：钢套管 2. 材质：碳钢 3. 规格：DN40 4. 填料材质：密封膏、油麻、石棉绳等	个	1
20	031002003004	套管	1. 名称、类型：钢套管 2. 材质：碳钢 3. 规格：DN32 4. 填料材质：密封膏、油麻、石棉绳等	个	3

续表

序号	项目编码	项目名称	项目特征描述	计量单位	工程量
21	031002003005	套管	1. 名称、类型：钢套管 2. 材质：碳钢 3. 规格：DN25 4. 填料材质：密封膏、油麻、石棉绳等	个	17
22	031002003006	套管	1. 名称、类型：钢套管 2. 材质：碳钢 3. 规格：DN20 4. 填料材质：密封膏、油麻、石棉绳等	个	19
23	031009001001	采暖工程系统调试	1. 系统形式：上供下回式 2. 采暖管道工程量：305.72m	系统	1

❖ **每课寄语**

　　供暖管道及附件计量相对其他清单项计量比较复杂，难以准确掌握。因此，学生对教师抛出的引导性问题应不断探索，勇于创新，不断培养自己求真、务实的科学精神。

　　当前，我国在大力弘扬科学精神。作为未来的新生代，要深刻读懂它的含义，科学精神就是求知和探索精神，不断探索未知世界的奥秘，不断追求真理的过程，是科学认识活动中的价值标准和行为规范，是基于科学本质而产生的内在理念和精神气质。2019年，中共中央办公厅、国务院办公厅印发《关于进一步弘扬科学家精神加强作风和学风建设的意见》，激励科学家群体勇攀科技高峰，鼓励全社会营造尊重科学、尊重人才的良好氛围。

　　百余年来，特别是中华人民共和国成立以来，在科学文明与中华传统文化交流激荡中，一代代中国科技工作者投身创新报国实践，成为科学家精神的塑造者、传承者和践行者。他们塑造的"两弹一星"精神、载人航天精神等彪炳史册。在改革开放和创新型国家建设中，科学家精神以其强大感召力薪火相传并焕发出勃勃生机。

［训后拓展］

2.3.5　实操训练

1. 任务描述

　　该项目为×××小学教学楼采暖工程。应按照2019版黑龙江省建设工程计价依据《通用安装工程消耗量定额》中的工程量计算规则，以及设计文件中的工程内容、设计说明及定额解释等执行任务。

2. 任务要求

　　根据上述项目所给的条件，分别完成以下3个实操训练任务：

　　（1）依据施工图样完成该项目回水总干管、N2环路供暖管道及其他附件计量，并将任务成果填写在表2.3.10中。

×××小学教学楼采暖工程

实操训练答案

表 2.3.10 工程量计算表

工程名称：　　　　　　　　　　　　　　　　　　　　　　　第　页 共　页

序号	项目名称	计算式	计量单位	工程量

班级：　　　　姓名：　　　　日期：　　　　审阅：　　　　成绩：

（2）根据上述（1）计算出的工程量，完成该项目回水总干管、N2 环路及其他附件清单项目的设置，并将任务成果填写在表 2.3.11 中。

（3）利用 BIM 安装算量软件建立回水总干管、N2 环路管道模型，并以电子版的形式上交。

表 2.3.11 分部分项工程量清单表

工程名称： 第 页 共 页

序号	项目编码	项目名称	项目特征描述	计量单位	工程量

班级： 姓名： 日期： 审阅： 成绩：

任务 2.4 管道支架计量与清单

▪ 学习目标

1. 掌握管道支架型式、计算步骤、计量规则及计算方法。
2. 能正确对管道支架计量，会编制相应工程量清单。
3. 提升 X 技能，利用 BIM 安装计量软件算量。

▪ 素质目标

1. 培养职业素养、行业认同感。
2. 培养爱岗、敬业、诚实、友善的优良品德。
3. 建立工程思维，做事有计划、有总结。

▪ 学习要点

1. 管道支架手算方法、计算步骤及计算公式。
2. 计算管道支架的相关参数获取。
3. 管道支架计量时，型钢规格确定是关键，注意安装形式决定个重。
4. 项目特征描述要详尽、全面。
5. 对接 X 技能：工程数字造价，提升建模能力。

[训前导学]

2.4.1 管道支架作用及类型

管道支架是指可以对管道有支承作用，或者可以限制管道变形和位移的，由各种型钢组合而成的一种构件。它的安装是管道安装的首要工序，也是重要环节。按照支架对管道的制约情况，可分为固定支架和活动支架。

1. 固定支架

固定支架是指限制管道在支承点处发生径向和轴向位移的管道支架。因此，它不仅承受管道、附件、管内介质等重力，还要承受管道因温度、压力变化而产生的伸缩推力和变形应力，所以固定支架应有足够的强度。常用的固定支架有卡环式和挡板式两种，如图 2.4.1 所示。

2. 活动支架

活动支架是指允许管道在支承点有位移的管道支架。活动支架的类型较多，有滑动支架、导向支架、滚动支架、吊架、管卡和托钩等。

（1）滑动支架

管道在横梁上可以自由移动，主要承重构件是横梁，如图 2.4.2 所示。

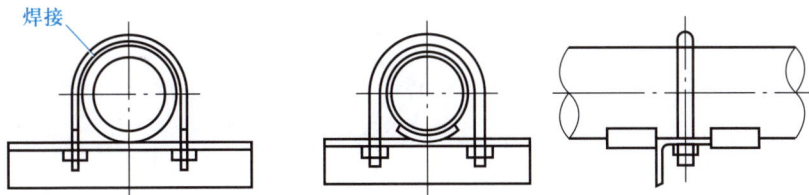

焊接

(a) 卡环式

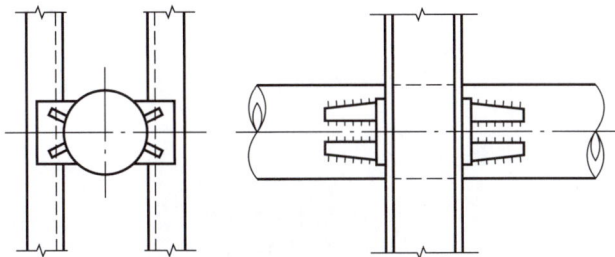

(b) 挡板式

图 2.4.1　固定支架

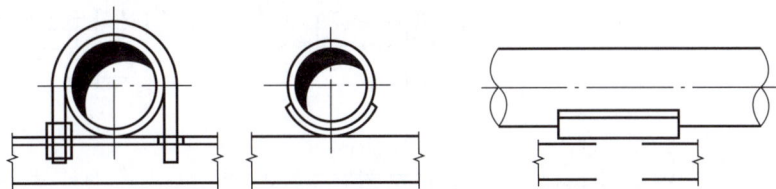

(a) 不保温管道的低支架

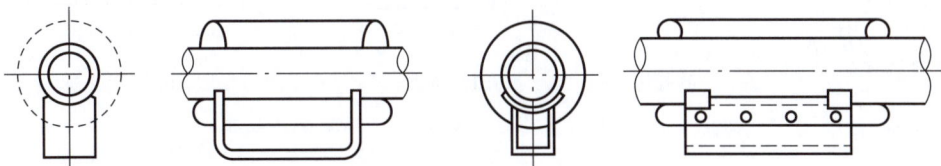

(b) 保温管道的高支架

图 2.4.2　滑动支架

（2）导向支架

导向支架是为管子在支架上滑动时不致偏移管子轴线而设置的。只允许管道有轴向位移，如图 2.4.3 所示。

（3）滚动支架

滚动支架是以滚动摩擦代替滑动摩擦，可以减小管道热伸缩时摩擦力的支架，如图 2.4.4 所示。

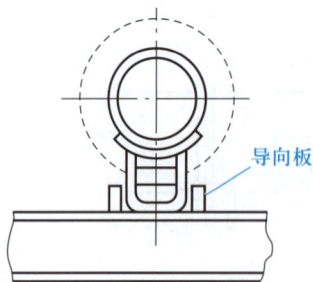
图 2.4.3 导向支架

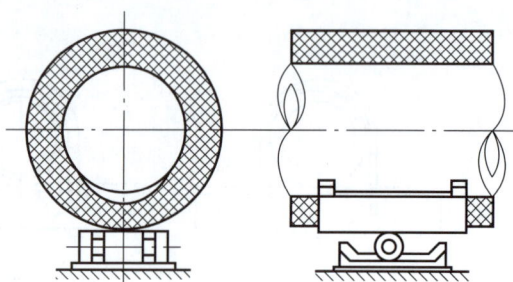
图 2.4.4 滚动支架

（4）吊架、托钩及立管卡

吊架、托钩及立管卡也是支架，吊架如图 2.4.5 所示，托钩及立管卡如图 2.4.6 所示。

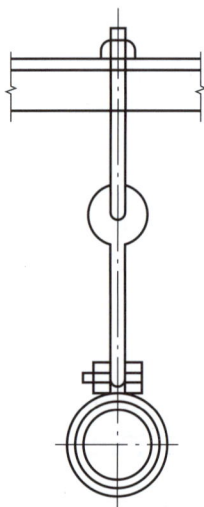

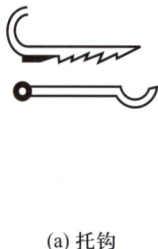

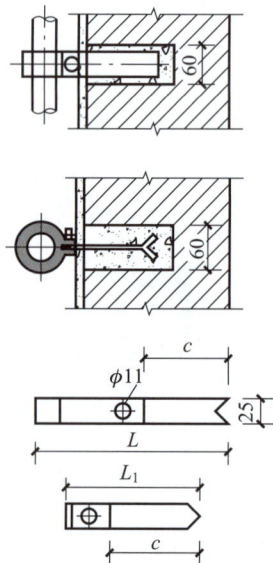

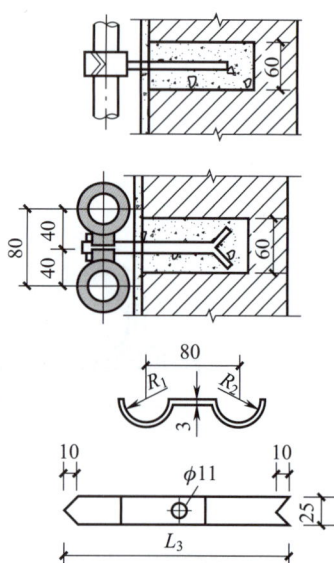

(a) 托钩   (b) 单立管卡   (c) 双立管卡

图 2.4.5 吊架

图 2.4.6 托钩及立管卡

2.4.2 管道支架计量

1. 管道支架计量规则

管道支架制作安装应根据支架的形式、规格，以"kg"为计量单位。单管支架形式如图 2.4.7 所示。

室内镀锌及焊接钢管（螺纹连接）公称直径 32 mm 以下的钢管安装工程已包括管卡及托钩制作安装，不得另行计算。公称直径 32 mm 以上的，可另行计算。

注：采暖、给水及热水供应系统的金属管道立管管卡安装应符合下列规定：

① 楼层高度小于 5 m，每层必须安装 1 个。

② 楼层高度大于 5 m，每层不得少于 2 个。

微课

管道支架制作
安装

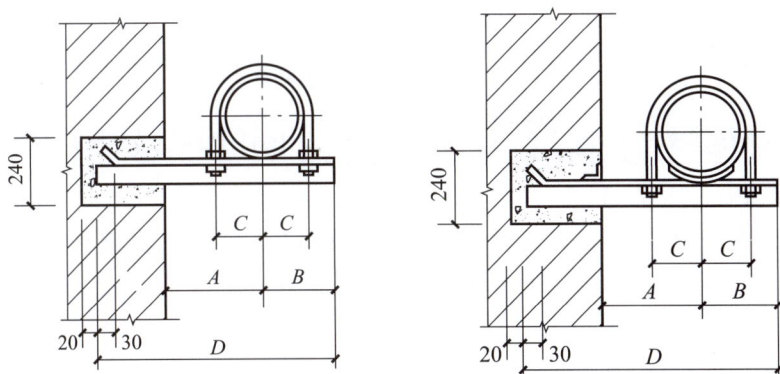

图 2.4.7 单管支架形式

③ 管卡安装高度，距地面应为 1.5~1.8 m，2 个以上管卡应均匀安装，同一房间管卡应安装在同一高度上。

2. 管道支架手工算量

室内管道支架的计算方法及步骤如下：

（1）确定支架数量

① 立管的支架按国家标准中支架设置原则计算其个数。

② 水平管道支架个数可根据《建筑给水排水及采暖施工质量验收规范》查得管道支架的最大间距，见表 2.4.1、表 2.4.2、表 2.4.3。钢管水平安装的支吊架间距不应大于表 2.4.1 的规定。

表 2.4.1 钢管管道支架的最大间距

公称直径/mm		15	20	25	32	40	50	70	80	100	125	150	200	250	300
最大间距/m	保温管	2	2.5	2.5	2.5	3	3	4	4	4.5	6	7	7	8	8.5
	不保温管	2.5	3	3.5	4	4.5	5	6	6	6.5	7	8	9.5	11	12

表 2.4.2 塑料管及复合管管道支架的最大间距

管径/mm			12	14	16	18	20	25	32	40	50	63	75	90	110
最大间距/mm	立管		0.5	0.6	0.7	0.8	0.9	1.0	1.1	1.3	1.6	1.8	2.0	2.2	2.4
	水平管	冷水管	0.4	0.4	0.5	0.5	0.6	0.7	0.8	0.9	1.0	1.1	1.2	1.35	1.55
		热水管	0.2	0.2	0.25	0.3	0.3	0.35	0.4	0.5	0.6	0.7	0.8		

表 2.4.3 铜管管道支架的最大间距

公称直径/mm		15	20	25	32	40	50	65	80	100	125	150	200
支架的最大间距/m	垂直管	1.8	2.4	2.4	3.0	3.0	3.0	3.5	3.5	3.5	3.5	4.0	4.0
	水平管	1.2	1.8	1.8	2.4	2.4	2.4	3.0	3.0	3.0	3.0	3.5	3.5

计算公式如下：

$$单管活动支架个数 = \frac{某规格管道的长度}{该规格管道的最大支架间距} - 该管段固定支架个数 \quad (2.4.1)$$

$$多管活动支架个数 = \frac{共架管段长度}{其中较细管的最大支架间距} - 该管上固定支架的个数 \quad (2.4.2)$$

（2）计算单个支架重量

① 根据图中设计支架形式（固定、活动）确定支架所用型钢种类、规格，见表 2.4.4、表 2.4.5、表 2.4.6，可查《建筑安装工程施工图集》。

表 2.4.4　支架横梁尺寸表　　　　单位：mm

公称直径 DN		15	20	25	32	40	50	65	80	100	125	150
尺寸	A	150	150	150	150	150	150	160	160	170	180	180
	B	40	40	50	50	60	60	70	80	80	100	110
	C	16	19	23	28	30	36	45	52	62	75	89
	D	330	330	350	370	380	400	420	450	470	520	530
	E	—	—	—	—	—	—	—	160	180	180	200

表 2.4.5　材料规格表

件号	名称	件数	公称直径 DN 15-20	25-320	40	50	65	80	100	125	150
								材料规格			
1	横梁	1	∟36×4	∟40×4	∟50×5	∟50×6	∟63×5	∟63×6	∟80×6	∟80×8	∟90×8
2	加固梁	1	—	—	—	—	—	∟63×6	∟63×6	∟63×8	∟63×8
3	横梁	1	∟40×4	∟40×4	∟50×5	∟63×5	∟63×6	∟75×6	∟80×6	∟80×8	∟90×8
4	短横梁	1	∟40×4	∟40×4	∟50×5	∟63×5	∟63×6	∟75×6	∟80×6	∟80×8	∟90×8
5	双头螺栓	2	M10	M10	M12	M12	M16	M16	M16	M16	M20
6	螺母	4	M10	M10	M12	M12	M16	M16	M16	M16	M20
7	垫圈	4	φ10	φ10	φ12	φ12	φ16	φ16	φ16	φ16	φ20
8	管卡	1	M8	M10	M10	M10	M12	M12	M12	M16	M16
9	螺母	2	M8	M10	M10	M10	M12	M12	M12	M16	M16
10	垫圈	2	φ8	φ10	φ10	φ10	φ12	φ12	φ12	φ16	φ16
11	限位块	2									

表 2.4.6　管卡圆钢展开长度　　　　单位：mm

公称直径 DN	15	20	25	32	40	50	65	80	100	125	150
滑动支架	124	141	167	198	208	239	285	321	383	463	531
固定支架	144	160	176	214	224	255	309	345	407	488	557

② 计算公式如下：

$$单个支架质量 = \sum_{i=1}^{n}（某种规格型钢长度×该规格型钢每米理论质量）\quad(2.4.3)$$

（3）确定管道支架总重

$$管道支架总重 = \sum_{i=1}^{n}（某种规格管道支架个数×该规格管道支架个重）\quad(2.4.4)$$

3. 管道支架指标估算

室内供暖工程管道所用支架可以依据 2019 版《通用安装工程消耗量定额》后面附录中支架用量参考表计算，见表 2.4.7。

表 2.4.7　室内钢管、铸铁管道支架用量参考表　　　　　　　　　　kg/m

序号	公称直径/mm 以内	钢管			铸铁管	
		给水、采暖、空调水		燃气	给排水	雨水
		保温	不保温			
1	15	0.58	0.34	0.34	—	—
2	20	0.47	0.3	0.3	—	—
3	25	0.5	0.27	0.27	—	—
4	32	0.53	0.24	0.24	—	—
5	40	0.47	0.22	0.22	—	—
6	50	0.6	0.41	0.41	0.47	—
7	65	0.59	0.42	0.42	—	—
8	80	0.62	0.45	0.45	0.65	0.32
9	100	0.75	0.54	0.5	0.81	0.62
10	125	0.75	0.58	0.54	—	—
11	150	1.06	0.64	0.59	1.29	0.86
12	200	1.66	1.33	1.22	1.41	0.97
13	250	1.76	1.42	1.3	1.6	1.09
14	300	1.81	1.48	1.35	2.03	1.2
15	350	2.96	2.22	2.03	3.12	—
16	400	3.07	2.36	2.16	3.15	—

2.4.3　管道支架清单设置

《通用安装工程工程量计算规范》中附录 K 是针对给排水、采暖、燃气工程的工程量清单项目。管道支架清单项目设置需要依据计量规范规定进行编制，支架及其他清单项目见表 2.4.8。

表 2.4.8   支架及其他（编码：031002）

项目编码	项目名称	项目特征	计量单位	工程量计算规则	工作内容
031002001	管道支架	1. 材质 2. 管架形式	1. kg 2. 套	1. 以 kg 计量，按设计图示质量计算 2. 以套计量，按设计图示数量计算	1. 制作 2. 安装

注：① 单件质量 100 kg 以上的管道支吊架执行设备支吊架制作安装。

② 成品支架安装执行相应管道支架或设备支架项目，不再计取制作费，支架本身价值含在综合单价中。

2.4.4　管道支架 BIM 算量

进入广联达 BIM 安装算量软件，在左侧导航栏列找到管道分项，在对管道进行建模时，下拉其属性窗口，在窗口中找到"支架"属性进行参数设置，软件在汇总计算时会自动计算其工程量，见图 2.4.8 蓝色线框内。

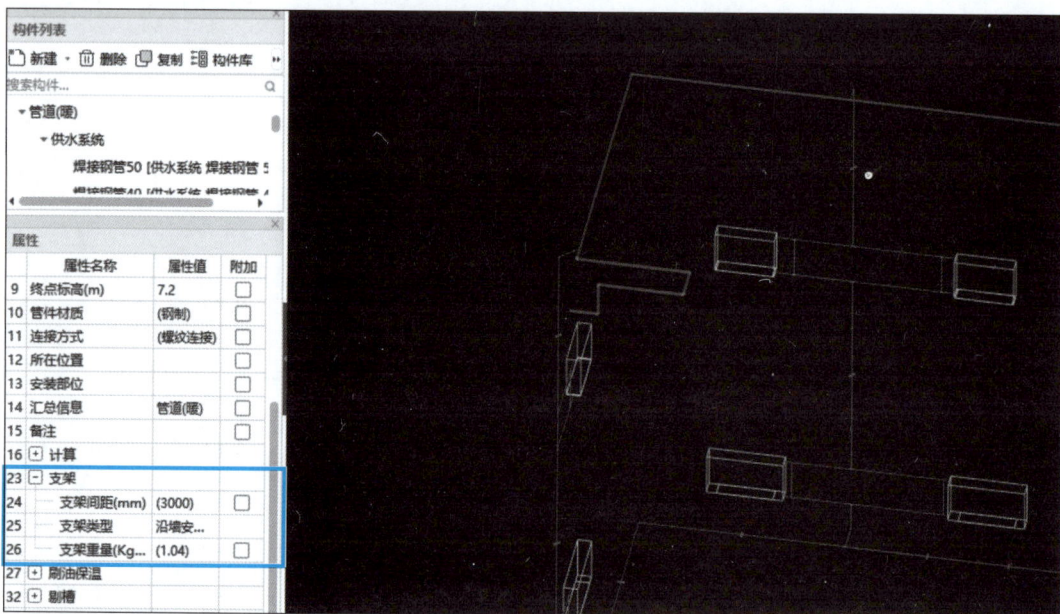

图 2.4.8   管道支架 BIM 算量

［训中探析］

2.4.5　案例分析

案例 1：完成室内供暖管道支架计量

任务描述：本案例为×××小学教学楼采暖工程。依据 2019 版黑龙江省建设工程计价依据《通用安装工程消耗量定额》中的工程量计算规则，以及设计文件中的工程内容、设计说明及定额解释等执行任务。

任务布置：根据本案例所给施工图样，结合定额中计量规则、计算公式、方法及步骤对供水入户总干管、N1环路供暖管道支架进行计量，并将结果汇总。

问题思考：（1）在管道支架计量时，需要区分规格分别计算吗？

（2）计算过程中，哪些参数是需要通过有效工具获取的？

（3）对于一个完整的项目来说，管道支架的量最终是怎样呈现的？（即是否需要汇总）

计算过程：以本案例采暖供水总干管DN70为例，总长45.36 m，其手工计算过程如下：

第1步　确定支架数

由于采暖供水总干管一部分在地面上，L 为 7.2 m−0.5 m=6.7 m；另一部分在地沟中安装，所以需要保温，L 为 45.36 m−6.7 m=38.66 m。

经查表2.4.1得知，管道支架最大间距，DN70保温为4 m，不保温为6 m。因此，

$$N（个数）=（38.66÷4+6.7÷6=10.78）个≈11个$$

第2步　计算单个支架质量

按设计要求首先确定支架形式，本案例选用国家建筑标准设计图集 R417−1《室内热力管道支吊架》（2003版）第31页中的支架形式，由图2.4.7得知，单个支架由横梁、管卡和螺母所组成，所以分别进行计算。

参数获取如表2.4.9所示。

表 2.4.9　参 数 获 取

获取途径	获取信息类型	构件信息		
查表2.4.5 查表2.4.4、表2.4.6 查五金手册	构件名称及型号 型钢参数 每米（个）理论质量	横梁∟ 63×5 420 mm 4.822 kg/m	管卡 φ12 285 mm 0.888 kg/m	螺母 M12 2 个 0.011 93 kg/个

根据公式计算：

单个支架质量=（0.42×4.822+0.285×0.888+2×0.011 93）kg=2.302 kg

第3步　确定管道支架总重

利用公式，管道支架总重=2.302 kg×11=25.32 kg

注：其他规格管道支架的计算方法同上。也可以用指标法进行估算，在这里就不赘述。

成果展示：根据表2.4.7，利用指标法估算（与手工算量误差控制在2%以内即可），本案例管道支架计量最终任务成果见表2.4.10。

表 2.4.10　工程量计算表

工程名称：×××小学教学楼采暖工程（N1环路）　　　　　　　　　　　第 1 页　共 1 页

序号	项目名称	工程量计算式	单位	数量	备注
	一、管道支架				
1	管道支架 制作安装	DN70 焊管：38.66（地沟内）×0.59+6.7×0.42 DN50 焊管：11.19（地沟内）×0.6+2.15×0.41 DN40 焊管：18.906（地沟内）×0.47+19.884×0.22 DN32 焊管：27.75（地沟内）×0.53+21.05×0.24 DN25 焊管：10.60（地沟内）×0.5+64.41×0.27 DN20 焊管：3.889（地沟内）×0.47+88.931×0.3	kg	117.44	地沟内 管道即入 户干管或 者回水干 管

开启脑洞—（1）定额后面附有室内管道支架参数表，还需要掌握手工算量吗？

（2）区分规格计算完成后，需要汇总吗？

难点锁定—管道支架个重计算是难点。

解锁难点—充分通过有效途径，利用有效工具获取有效参数，知晓原理，问题得以顺利解决。

（1）根据设计说明要求查标准图集，解决管道支架形式问题，如图2.4.9所示。

（2）五金手册解决的是型钢类型与型号、每米理论质量，螺栓螺母个重问题，参数确定后再套用公式计算，如图2.4.10所示。

图 2.4.9   标准图集

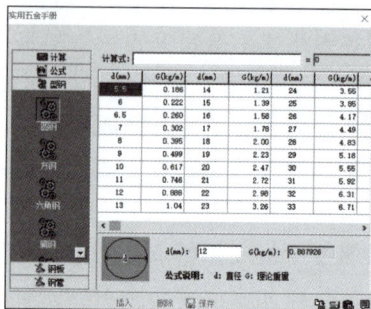

图 2.4.10   五金手册

案例 2：完成室内供暖管道支架清单设置

任务描述： 本案例为×××小学教学楼采暖工程。其室内供暖管道支架清单设置，需依据上述所给设计文件和《通用安装工程工程量计算规范》中相关规定进行编制。

任务布置： 根据上述供暖管道支架工程量计算结果，请完成室内供暖管道支架清单项目设置，并形成工程量清单列表。

清单项目设置过程： 以本案例 N1 环路为例，清单项目设置思维及过程如下：

（1）项目编码

由表 2.4.8 得知，管道支架前九位清单编码为 031002001，后三位自编码从 001 编起，所以本案例给水管 dn32 的十二位项目编码为：031002001001。

（2）项目名称

根据表 2.4.8 规定，本案例项目名称为：管道支架。

（3）项目特征描述

由表 2.4.8 可知，针对管道支架的项目特征方向指引为：① 材质；② 管架形式。因此，结合本案例特点，清单项目具体特征描述如下：

---

1. 材质：型钢
2. 管架形式：参照 R417-1 室内热力管道支吊架中第 31 页

（4）计量单位

根据表 2.3.3 规定，计量单位为"kg"。

（5）工程量

根据上面计算结果，焊接钢管 DN70 的工程量为：117.44。

综上所述，清单编制五要素全部设置完成后，采暖管道支架清单项目设置见表 2.4.11。

表 2.4.11　分部分项工程量清单表

项目编码	项目名称	项目特征描述	计量单位	工程量
031002001001	管道支架	1. 材质：型钢 2. 管架形式：参照 R417-1 室内热力管道支吊架中第 31 页	kg	117.44

成果展示：本案例管道支架工程量清单项目设置最终任务成果见表 2.4.12。

表 2.4.12　分部分项工程量清单表

工程名称：×××小学教学楼采暖工程（N1 环路）　　　　　　第 1 页　共 1 页

序号	项目编码	项目名称	项目特征描述	计量单位	工程量
1	031002001001	管道支架	1. 材质：型钢 2. 管架形式：参照 R417-1 室内热力管道支吊架中第 31 页	kg	117.44

❖ 每课寄语

人类社会发展的历史表明，对一个民族、一个国家来说，最持久、最深层的力量是全社会共同认可的核心价值观。社会主义核心价值观是当代中国精神的集中体现，是中国特色社会主义道路、理论、制度、文化的价值表达，凝结着全体人民共同的价值追求。

党的二十大报告中提出，广泛践行社会主义核心价值观。社会主义核心价值观是凝聚人心、汇聚民力的强大力量。用社会主义核心价值观铸魂育人，完善思想政治工作体系，推进大学生思想政治教育一体化建设。坚持依法治国和以德治国相结合，把社会主义核心价值观融入法治建设、融入社会发展、融入日常生活。

当代大学生要深刻领会社会主义核心价值观的重要意义和科学内涵，扣好人生的扣子，从日常点滴做起，从细微之处做起，成为社会主义核心价值观的坚定信仰者、积极传播者、模范践行者，并将这种精神带到学习、工作中来。

［训后拓展］

2.4.6　实操训练

1. 任务描述

该项目为×××小学教学楼采暖工程。应按照 2019 版黑龙江省建设工程计价依据《通用安装工程消耗量定额》中的工程量计算规则，以及设计文件中的工程内容、设计说

×××小学教学楼采暖工程

明及定额解释等执行任务。

2. 任务要求

根据上述项目所给的条件，分别完成以下 3 个实操任务：

（1）依据施工图样完成该项目 N2 环路供暖管道支架计量，并将任务成果填写在表 2.4.13 中。

（2）根据上述（1）计算出的工程量，完成本项目 N2 环路供暖管道支架清单项目设置，并将任务成果填写在表 2.4.14 中。

（3）利用 BIM 安装算量软件对 N2 环路管道支架算量，并在课堂上进行汇报。

任务2.4
实操训练答案

表 2.4.13　工程量计算表

工程名称：　　　　　　　　　　　　　　　　　　　　　　　第　页　共　页

序号	项目名称	计算式	计量单位	工程量

班级：　　　　　姓名：　　　　　日期：　　　　　审阅：　　　　　成绩：

表 2.4.14　分部分项工程量清单表

工程名称：

序号	项目编码	项目名称	项目特征描述	计量单位	工程量

班级：　　　　姓名：　　　　日期：　　　　审阅：　　　　成绩：

任务 2.5 除锈、刷油及绝热工程计量与清单

■ 学习目标

1. 掌握判断管道除锈、刷油及绝热部位的依据、计算公式及计算方法。
2. 能正确对管道除锈、刷油及绝热工程计量，会编制相应工程量清单。
3. 提升 X 技能，会利用 BIM 安装计量软件算量。

■ 素质目标

1. 培养劳动意识、劳动精神。
2. 培养良好的信息素养，获取有效信息的能力。

■ 学习要点

1. 管道除锈、刷油及绝热部位精准判断，不丢项，不漏量。
2. 计算管道除锈、刷油及绝热工程的相关参数获取。
3. 掌握手算方法、计算步骤及计算公式。
4. 项目特征描述要详尽、全面。
5. 对接 X 技能：工程数字造价，提升 BIM 算量能力。

[训前导学]

2.5.1 室内供暖工程除锈、刷油及绝热部位

本案例中，由于管道采用的是焊接钢管，支架采用的是型钢，散热器为铸铁散热器，保温材质用超细玻璃棉制品保温，外缠玻璃丝布。因此，除锈项、刷油项和绝热项分析如下：

1. 除锈项

除锈项包含管道、支架、散热器。

除锈工程分为手工除锈、机械除锈和化学除锈。

手工除锈：一般用手锤敲击或用钢丝刷、废砂轮片等去掉污垢。

机械除锈：用电动砂轮、风动刷、电动旋转钢丝刷、电动除锈机等机械进行除锈。

化学除锈：主要利用酸与金属氧化物发生化学反应，从而除掉金属表面锈蚀。

其中，喷射或抛射除锈用 Sa 表示，根据规范规定，可以分为以下四个等级：

（1）Sa1 级：轻度喷砂除锈。

（2）Sa2 级：彻底的喷砂除锈。

（3）Sa2.5 级：非常彻底的喷砂除锈。

（4）Sa3 级：喷砂除锈至钢材表面洁净。

动力工具和手工除锈用 St 表示，分为两个等级：

（1）St2 级彻底的手工和动力工具除锈，也就是钢管表面没有可见的锈迹、污垢等附着物。

（2）St3 级非常彻底的手工和动力工具除锈，比 St2 更彻底，底材部分显露出金属光泽。

2. 刷油项

刷油项包含管道、支架、散热器（铸铁）、保护层（根据保温层材质而定）。

3. 绝热项

管道一般情况下是安装在地沟中、楼梯间、天棚内等热量有损失的环境中。

2.5.2　除锈、刷油及绝热工程计量

1. 除锈、刷油工程

（1）管道或设备筒体除锈、刷油，以"m²"为计量单位。

$$S = \pi D L \tag{2.5.1}$$

式中　S——管道或筒体外表面积，m²；

　　　D——设备或管道外径，m；

　　　L——设备筒体或管道长度，m。

为简化计算设备筒体、管道表面积，可采用查表的方法计算，见表2.5.1、表2.5.2。

微课

供暖系统除锈、刷油、绝热计量

表 2.5.1　每 100 m 焊接钢管刷油绝热与保护层工程量计算表

公称直径/mm	绝热层厚度/mm										
	0	20		25		30		40		50	
	钢管表面积/m²	绝热层体积/m³	保护层面积/m²	绝热层体积/m³	保护层面积/m²	绝热层体积/m³	保护层面积/m²	绝热层体积/m³	保护层面积/m²	绝热层体积/m³	保护层面积/m²
15	6.69	0.27	22.46	0.38	25.76	0.51	29.06	0.81	35.66	1.18	42.25
20	8.42	0.31	24.19	0.43	27.49	0.56	30.79	0.88	37.39	1.27	43.98
25	10.53	0.35	26.30	0.48	29.59	0.63	32.89	0.97	39.49	1.38	46.09
32	13.29	0.41	29.06	0.55	32.36	0.71	35.66	1.09	42.25	1.52	48.85
40	15.08	0.45	30.85	0.60	34.15	0.77	37.45	1.16	44.05	1.62	50.64
50	18.85	0.52	34.62	0.70	37.92	0.89	41.22	1.32	47.82	1.81	54.41
70	23.72	0.52	39.49	0.82	42.79	1.04	46.09	1.52	52.68	2.06	59.28
80	27.81	0.71	43.57	0.93	46.87	1.16	50.17	1.69	56.77	2.27	63.37
100	35.82	0.87	51.59	1.13	54.88	1.41	58.18	2.02	64.78	2.69	71.38
125	43.98	1.04	59.75	1.35	63.05	1.66	66.35	2.35	72.95	3.11	79.55
150	51.84	1.21	67.61	1.55	70.91	1.91	74.20	2.68	80.80	3.52	87.40
200	68.80	1.56	84.57	1.99	87.87	2.43	91.17	3.38	97.77	4.39	104.36

表 2.5.2　每 100 m 无缝钢管刷油绝热与保护层工程量计算表

公称外径/mm	绝热层厚度/mm										
	0	20		25		30		40		50	
	钢管表面积/m²	绝热层体积/m³	保护层面积/m²	绝热层体积/m³	保护层面积/m²	绝热层体积/m³	保护层面积/m²	绝热层体积/m³	保护层面积/m²	绝热层体积/m³	保护层面积/m²
22	6.91	0.28	22.68	0.39	25.98	0.52	29.28	0.82	35.88	1.20	42.47
28	8.79	0.32	24.57	0.43	27.87	0.58	31.16	0.90	37.76	1.29	44.36
32	10.10	0.34	25.82	0.46	29.12	0.61	32.42	0.96	39.02	1.35	45.62
38	11.93	0.38	27.71	0.52	31.01	0.67	34.31	1.03	40.90	1.46	47.50
45	14.13	0.41	29.91	0.58	33.21	0.74	36.51	1.12	43.10	1.57	49.70
57	17.90	0.51	33.66	0.67	36.96	0.86	40.25	1.27	46.86	1.77	53.44
73	22.92	0.61	38.68	0.81	41.98	1.01	45.28	1.49	51.87	2.02	58.47
89	27.95	0.71	43.71	0.93	47.01	1.17	50.30	1.69	56.90	2.28	63.49
108	33.91	0.84	49.67	1.08	52.97	1.35	51.27	1.94	62.86	2.57	69.46
133	48.10	1.00	57.52	1.29	60.82	1.59	64.12	2.26	70.71	3.00	77.31
159	50.00	1.17	65.69	1.50	68.99	1.85	72.28	2.60	78.88	3.42	85.47
219	68.80	1.56	84.53	1.98	87.82	2.43	91.12	3.38	97.72	4.39	104.31
273	85.80	1.90	101.48	2.43	104.78	2.95	108.08	4.08	114.67	5.27	121.27
325	102.10	2.24	117.81	2.84	121.11	3.46	124.41	4.75	131.00	6.11	137.59
377	188.40	2.58	134.21	3.26	137.51	3.98	140.81	5.43	147.40	6.95	154.00

（2）一般金属结构除锈、刷油，以"kg"为计量单位。

（3）铸铁散热器除锈、刷油，按散热器散热面积计算，以"m²"为计量单位。常用铸铁散热器散热面积见表 2.5.3。

表 2.5.3　常用铸铁散热器散热面积

散热器型号	外形尺寸/mm	散热器面积/(m²/片)	备注
M132	584×132×200	0.24	柱型
四柱 813	813×164×57	0.28	
四柱 760	760×116×51	0.235	
五柱 813	813×208×57	0.37	
大 60	600×115×280	1.17	长翼型
小 60	600×132×200	0.80	
D75	168×168×1000	1.80	圆翼型

定额相关说明如下：

① 除锈有手工除锈、动力工具除锈、干喷射除锈，锈蚀程度分微、轻、中、重四种。

② 本章定额不包括除微锈（标准：氧化皮完全紧附，仅有少量锈点），发生时按轻锈定额乘以系数0.2。

③ 喷射除锈按Sa2.5级标准确定。若变更级别标准，如Sa3级按人工、材料、机械乘以系数1.1；Sa2级或Sa1乘以系数0.9计算。

④ 金属表面上的旧涂层或旧衬里除尘及除油污，不能执行除锈项目定额，按施工方案计算。

⑤ 计算设备筒体、管道表面积时工程量已包括各种管件、阀门、人孔、管口凹凸部分，不再另外计算。

⑥ 本章定额按安装地点就地刷（喷）油漆考虑，如安装前管道集中刷油（暖气片除外）按相应项目乘以0.7的系数执行。

⑦ 标志色环等零星刷油，执行本定额相应项目，其人工乘以系数2.0。

⑧ 同一种油漆刷三遍漆时，第三遍刷漆套用第二遍油漆的定额子目计取费用。

⑨ 风管部件刷油时，按金属结构刷油定额相应子目乘以系数1.15计算。

2. 绝热工程

设备筒体或管道绝热、防潮和保护层计算公式

$$V = \pi\left[(D+1.033\delta)\times1.033\delta L\right] \tag{2.5.2}$$

$$S = \pi(D+2.1\delta+0.0082)L \tag{2.5.3}$$

式中　　V——绝热层体积，m^3；

　　　　S——保护层、防潮层面积，m^2；

　　　　D——直径，m；

1.033、2.1——调整系数；

　　　　δ——绝热层厚度，m；

　　　　L——设备筒体或管道，m；

　　0.0082——捆扎线直径或钢带厚。

设备筒体、管道绝热、防潮和保护层计算，可采用查表的方法，见表2.5.1、2.5.2。

2.5.3　除锈、刷油及绝热工程清单设置

《通用安装工程工程量计算规范》中附录M是针对刷油、防腐蚀、绝热工程的工程量清单项目。室内供暖工程清单项目设置需要依据计量规范规定进行编制。

（1）刷油工程清单项目如表2.5.4所示。

表2.5.4　刷油工程（编码：031201）

项目编码	项目名称	项目特征	计量单位	工程量计算规则	工作内容
031201001	管道刷油	1. 除锈级别 2. 油漆品种 3. 涂刷遍数、漆膜厚度 4. 标志色方式、品种	1. m^2 2. m	1. 以m^2计量，按设计图示表面积尺寸以面积计算 2. 以m计量，按设计图示尺寸以长度计算	1. 除锈 2. 调配、涂刷
031201002	设备与矩形管道刷油				

续表

项目编码	项目名称	项目特征	计量单位	工程量计算规则	工作内容
031201003	金属结构刷油	1. 除锈级别 2. 油漆品种 3. 结构类型 4. 涂刷遍数、漆膜厚度	1. m^2 2. kg	1. 以 m^2 计量，按设计图示表面积尺寸以面积计算 2. 以 kg 计量，按金属结构的理论质量计算	1. 除锈 2. 调配、涂刷
031201004	铸铁管、暖气片刷油	1. 除锈级别 2. 油漆品种 3. 涂刷遍数、漆膜厚度	1. m^2 2. m	1. 以 m^2 计量，按设计图示表面积尺寸以面积计算 2. 以 m 计量，按设计图示尺寸以长度计算	
031201006	布面刷油	1. 布面品种 2. 油漆品种 3. 涂刷遍数、漆膜厚度 4. 涂刷部位	m^2	按设计图示表面积计算	调配、涂刷

注：① 管道刷油以米计算，按图示中心线以延长米计算，不扣除附属构筑物，管件及阀门等所占长度。
② 结构类型：指涂刷金属结构的类型，如一般钢结构、管廊钢结构、H 型钢钢结构等类型。

（2）绝热工程清单项目，如表 2.5.5 所示。

表 2.5.5   绝热工程（编码：031208）

项目编码	项目名称	项目特征	计量单位	工程量计算规则	工作内容
031208002	管道绝热	1. 绝热材料品种 2. 绝热厚度 3. 管道外径 4. 软木品种	m^3	按图示表面积加绝热层厚度及调整系数计算	1. 安装 2. 软木制品安装
031208007	防潮层、保护层	1. 材料 2. 厚度 3. 层数 4. 对象 5. 结构形式	1. m^2 2. kg	1. 以 m^2 计量，按图示表面积加绝热层厚度及调整系数计算 2. 以 kg 计量，按图示金属结构质量计算	安装

注：① 层数指一布二油、两布三油等。
② 对象指设备、管道、通风管道、阀门、法兰、钢结构。
③ 结构形式指：一般钢结构、H 型钢钢结构、管廊钢结构。

2.5.4   除锈、刷油及绝热 BIM 算量

进入广联达 BIM 安装算量软件，在左侧导航栏列找到管道分项，在对管道进行建模时，下拉其属性窗口，在窗口中找到"刷油保温"属性进行参数设置，软件在汇总计算时会自动计算其工程量，见图 2.5.1 蓝色线框内。

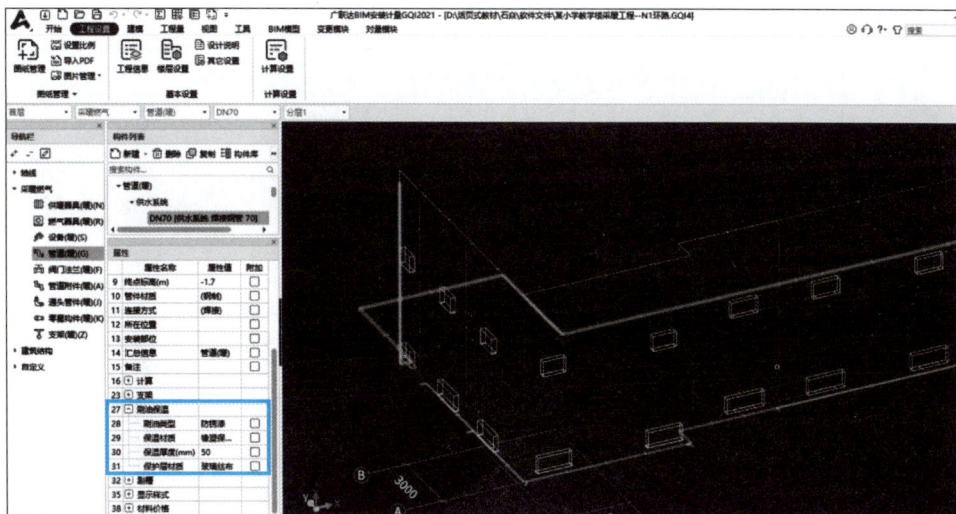

图 2.5.1　除锈、刷油及绝热 BIM 算量

［训中探析］

×××小学教
学楼采暖工程

2.5.5　案例分析

案例 1：完成室内供暖工程除锈、刷油及绝热计量

任务描述：本案例为×××小学教学楼采暖工程。应按照 2019 版黑龙江省建设工程计价依据《通用安装工程消耗量定额》中的工程量计算规则，以及设计文件中的工程内容、设计说明及定额解释等执行任务。

任务布置：根据本案例所给的施工图样，结合定额中计量规则、计算公式、方法及步骤对供水入户总干管、N1 环路除锈、刷油及绝热进行计量，并将结果汇总。

途径选择：室内供暖涉及管道除锈、刷油及绝热有两种途径：公式计算和查表求得。本案例管道工程除锈、刷油及绝热选择查表求得。

成果展示：本案例除锈、刷油及绝热工程计量最终任务成果见表 2.5.6。

表 2.5.6　工程量计算表

工程名称：×××小学教学楼采暖工程（N1 环路）　　　　　　　　第 1 页　共 1 页

序号	项目名称		工程量计算式	单位	数量		备注
	一、除锈、刷油工程						
1	管道除锈、刷油	地沟内	DN70 焊管：38.66×23.72÷100 DN50 焊管：11.19×18.85÷100 DN40 焊管：18.906×15.08÷100 DN32 焊管：27.75×13.29÷100 DN25 焊管：10.60×10.53÷100 DN20 焊管：3.889×8.42÷100	m²	19.26	41.32	查表 2.5.1

续表

序号	项目名称		工程量计算式	单位	数量		备注
1	管道除锈、刷油	地上	DN70 焊管：6.7×23.72÷100 DN50 焊管：2.15×18.85÷100 DN40 焊管：19.884×15.08÷100 DN32 焊管：21.05×13.29÷100 DN25 焊管：64.41×10.53÷100 DN20 焊管：88.931×8.42÷100	m²	22.06	41.32	查表 2.5.1
2	管道支架除锈、刷油	地沟内	DN70 焊管：38.66×0.59 DN50 焊管：11.19×0.6 DN40 焊管：18.906×0.47 DN32 焊管：27.75×0.53 DN25 焊管：10.60×0.5 DN20 焊管：3.889×0.47	kg	60.24	117.44	
		地上	DN70 焊管：6.7×0.42 DN50 焊管：2.15×0.41 DN40 焊管：19.884×0.22 DN32 焊管：21.05×0.24 DN25 焊管：64.41×0.27 DN20 焊管：88.931×0.3		57.20		
3	散热器除锈、刷油		707 片×0.235m²/片	m²	166.15		查表 2.5.3
4	保护层刷油	保温层 δ=50mm	DN70 焊管：38.66（地沟内）×59.28÷100 DN50 焊管：11.19（地沟内）×54.41÷100 DN40 焊管：18.906（地沟内）×50.64÷100	m²	38.58	55.94	查表 2.5.1
		保温层 δ=40mm	DN32 焊管：27.75（地沟内）×42.25÷100 DN25 焊管：10.60（地沟内）×39.49÷100 DN20 焊管：3.889（地沟内）×37.39÷100		17.36		
	二、绝热工程						
5	管道绝热	DN40~80 (δ=50 mm)	DN70 焊管：38.66（地沟内）×2.06÷100 DN50 焊管：11.19（地沟内）×1.81÷100 DN40 焊管：18.906（地沟内）×1.62÷100	m³	1.31	1.93	查表 2.5.1
		DN20~32 (δ=50 mm)	DN32 焊管：27.75（地沟内）×1.52÷100 DN25 焊管：10.60（地沟内）×1.38÷100 DN20 焊管：3.889（地沟内）×1.27÷100		0.62		
6	保护层安装		38.58+17.36	m²	55.94		

问题探究—（1）除锈、刷油及绝热工程可以借助指标表格求得，其计算公式还需要掌握吗？

（2）除锈、刷油及绝热工程涉及的项和量比较繁多，怎样做到不丢项，不丢量？

答疑解惑—理清思路，问题会得以解决。明确以下几点：

    （1）首先分析判断除锈、刷油及绝热部位。

    （2）针对不同部位，注意规则、公式和途径不同。

    （3）针对有表可查部位，公式也需要掌握。需清晰指标来源及原理，以便工作中解决数据偏差问题。

（1）五金手册解决的是管道外径、刷油、绝热指标查询问题，参数确定后再套用公式计算，如图2.5.2所示。

（2）设计说明中查看保温层厚度δ，如图2.5.3所示。

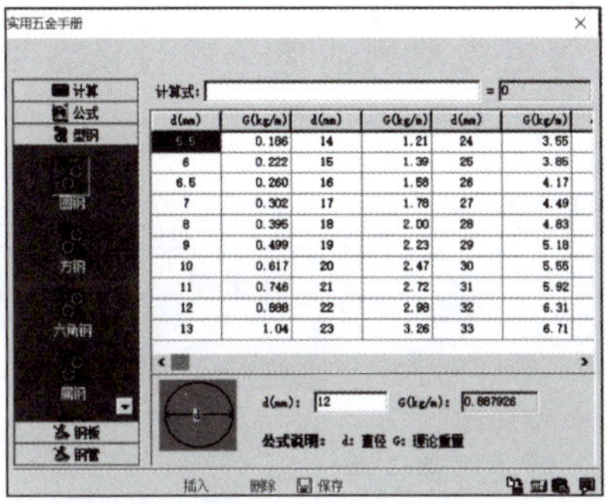

图2.5.2　五金手册

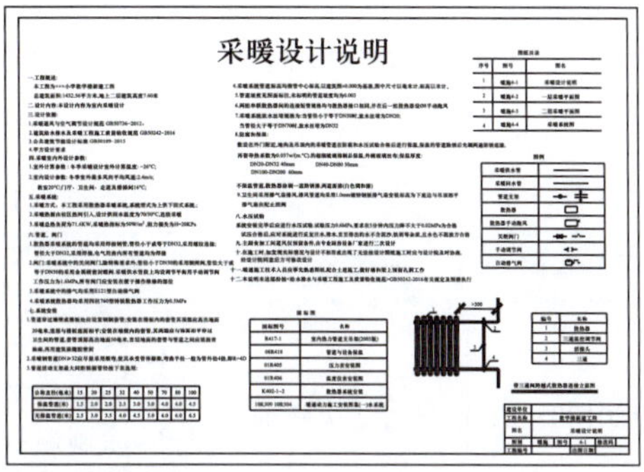

图2.5.3　设计说明

案例2：完成室内供暖工程除锈、刷油及绝热清单设置

任务描述：本案例为×××小学教学楼采暖工程。其室内供暖管道支架清单设置，应按照上述所给设计文件和《通用安装工程工程量计算规范》中相关规定进行编制。

任务布置：根据上述除锈、刷油及绝热工程量计算结果，请完成室内供暖除锈、刷油及绝热清单项目设置，并形成工程量清单列表。

清单项目设置过程：以本案例N1环路管道支架刷油为例，清单项目设置思维及过程如下：

（1）项目编码

由表2.5.4得知，管道支架前九位清单编码为031201003，后三位自编码从001编起，所以本案例管道支架的十二位项目编码：地上部分为031201003001，地沟内为031201003002。

（2）项目名称

根据表2.5.4规定，本案例项目名称为：金属结构刷油。

（3）项目特征描述

由表2.5.4可知针对管道支架的项目特征方向指引为：①除锈级别；②油漆品种；③涂刷遍数、漆膜厚度；④标志色方式、品种。因此，结合本案例特点，清单项目"地上"部分支架具体特征描述如下：

    1. 除锈级别：轻锈

    2. 油漆品种：防锈漆、白色调和漆

    3. 涂刷遍数、漆膜厚度：一遍防锈漆、两遍白色调和漆

"地沟内"部分支架具体特征描述如下：

---

1. 除锈级别：轻锈
2. 油漆品种：防锈漆
3. 涂刷遍数、漆膜厚度：一遍防锈漆

（4）计量单位

根据表2.5.4规定，计量单位为"kg"。

（5）工程量

根据表2.5.6计算结果，地上支架为57.20，地沟内支架为60.24。

综上所述，清单编制五要素全部设置完成后，管道支架刷油清单项目设置见表2.5.7。

表2.5.7   分部分项工程量清单表

项目编码	项目名称	项目特征描述	计量单位	工程量
031201003001	金属结构刷油	1. 除锈级别：轻锈 2. 油漆品种：防锈漆、白色调和漆 3. 涂刷遍数、漆膜厚度：一遍防锈漆、两遍白色调和漆	kg	57.20
031201003002	金属结构刷油	1. 除锈级别：轻锈 2. 油漆品种：防锈漆 3. 涂刷遍数、漆膜厚度：一遍防锈漆	kg	60.24

成果展示：本案例除锈、刷油及绝热工程工程量清单项目设置最终任务成果见表2.5.8。

表2.5.8   分部分项工程量清单表

工程名称：×××小学教学楼采暖工程（N1环路）   第1页 共1页

序号	项目编码	项目名称	项目特征描述	计量单位	工程量
1	031201001001	管道刷油	1. 除锈级别：轻锈 2. 油漆品种：防锈漆、白色调和漆 3. 涂刷遍数、漆膜厚度：一遍防锈漆、两遍白色调和漆	m²	22.06
2	031201001002	管道刷油	1. 除锈级别：轻锈 2. 油漆品种：防锈漆 3. 涂刷遍数、漆膜厚度：一遍	m²	19.26
3	031201003001	金属结构刷油	1. 除锈级别：轻锈 2. 油漆品种：防锈漆、白色调和漆 3. 涂刷遍数、漆膜厚度：一遍防锈漆、两遍白色调和漆	kg	57.20

续表

序号	项目编码	项目名称	项目特征描述	计量单位	工程量
4	031201003002	金属结构刷油	1. 除锈级别：轻锈 2. 油漆品种：防锈漆 3. 涂刷遍数、漆膜厚度：一遍	kg	60.24
5	031201006001	布面刷油	1. 布面品种：玻璃丝布 2. 油漆品种：防锈漆 3. 涂刷遍数、漆膜厚度：一遍 4. 涂刷部位：玻璃丝布外面	m²	55.94
6	031208002001	管道绝热	1. 绝热材料品种：超细玻璃棉制品 2. 绝热厚度：50 mm 3. 管道外径：48.0~75.5	m³	1.31
7	031208002002	管道绝热	1. 绝热材料品种：超细玻璃棉制品 2. 绝热厚度：40 mm 3. 管道外径：26.8~42.3	m³	0.62
8	031208007001	防潮层、保护层	1. 材料：玻璃丝布 2. 层数：一层	m²	55.94

注意事项——（1）本案例散热器除锈、刷油在散热器本体器具清单项目中已经包含，在此就不单列。

（2）项目特征描述是清单项目设置的"灵魂"，它描述的准确与否直接影响后续综合单价组价的正确度，即影响工程报价。

（3）项目特征要按照《计价规范》中项目特征描述方向指引，结合实际工程情况进行详尽、全面的描述。

（4）项目特征的方向指引，在描述时有哪项描述哪项，没有的不描述，缺失的可以添加。

❖ **每课寄语**

《中华人民共和国国民经济和社会发展第十四个五年规划纲要》开始彰显影响力，多地以此为政策制定导向，对 BIM 技术发展做出清晰规划。

住房和城乡建设部标准定额司发布关于征求《工程造价咨询业管理办法》（征求意见稿）意见的函；河北省住房和城乡建设厅印发《河北省新型建筑工业化"十四五"规划》；广西壮族自治区住房和城乡建设厅发布关于申报"十四五"建筑信息模型（BIM）技术应用示范项目的通知；深圳市水务局发布关于印发《深圳市水务工程 BIM 应用优秀案例汇编》的通知；厦门市建设工程造价管理协会发布关于《厦门市建筑信息模型（BIM）技术应用计费参考》的通知；上海市住房和城乡建设管理委员会发布关于印发《上海市房屋建筑施工图、竣工建筑信息模型建模和交付要求（试行）》的通知。

可以看出，工程从业人员提升 X 技能势在必行。造价人也要基于 BIM 技术，探索对工程造价进行过程管控。

［训后拓展］

2.5.6 实操训练

1. 任务描述

该项目为×××小学教学楼采暖工程。应按照 2019 版黑龙江省建设工程计价依据《通用安装工程消耗量定额》中的工程量计算规则，以及设计文件中的工程内容、设计说明及定额解释等执行任务。

2. 任务要求

根据上述项目所给的条件，分别完成以下 3 个实操训练任务：

（1）依据施工图样完成该项目 N2 环路除锈、刷油及绝热计量，并将任务成果填写在表 2.5.9 中。

（2）根据上述（1）计算出的工程量，完成该项目 N2 环路除锈、刷油及绝热清单项目设置，并将任务成果填写在表 2.5.10 中。

（3）利用 BIM 安装算量软件对 N2 环路除锈、刷油及绝热算量，并在课堂上进行汇报。

表 2.5.9 工程量计算表

工程名称： 第 页 共 页

序号	项目名称	计算式	计量单位	工程量

班级： 姓名： 日期： 审阅： 成绩：

表 2.5.10　分部分项工程量清单表

工程名称：　　　　　　　　　　　　　　　　　　　　　　第　页　共　页

序号	项目编码	项目名称	项目特征描述	计量单位	工程量

班级：　　　　　姓名：　　　　日期：　　　审阅：　　　　成绩：

任务 2.6　室内供暖工程投标报价

■ 学习目标

1. 掌握投标报价相关概念。
2. 熟悉投标报价编制原则、依据、程序及方法。
3. 掌握投标技巧，会用投标策略。
4. 具备独立编制投标报价的能力。

■ 素质目标

1. 具有高尚的职业道德，做到诚实守信。
2. 培养职业素养、信息素养。
3. 培养终身学习能力。

■ 学习要点

1. 投标基础价的编制方法，及与投标报价的内在关系。
2. 让利点要界定清楚，要会选定方法。
3. 投标策略是难点，提升正确运用策略的能力。

[训前导学]

2.6.1　投标报价相关概念

投标报价是投标人希望达成工程承包交易的期望价格，不得高于最高投标限价。投标报价是在工程招投标过程中，投标人按照招标文件要求，根据工程特点，并结合自身的施工技术、装配和管理水平，依据计价规定对招标工程量清单自主报价，在此基础上通过调整并最终确定的工程造价。

根据《计价规范》中对术语的定义，部分与投标报价相关概念表述如下：

1. 招标工程量清单

招标工程量清单是指招标人依据国家标准、招标文件、设计文件以及施工现场实际情况编制的，随招标文件发布供投标报价的工程量清单。

招标工程量清单必须作为招标文件的组成部分，其准确性和完整性由招标人负责。应由具有编制能力的招标人或受其委托，具有相应资质的工程造价咨询人或招标代理人编制。

2. 已标价工程量清单

已标价工程量清单是指构成合同文件组成部分的投标文件中已标明价格，经算术性错误修正（如有）且承包人已确认的工程量清单，包括对其的说明和表格。

3. 投标价

投标价是指投标人投标时报出的工程合同价。

投标价应由投标人或受其委托具有相应资质的工程造价咨询人编制。除本规范强制性规定外，投标人应依据招标文件及其招标工程量清单自主确定报价成本。

2.6.2　投标报价编制原则和依据

1. 投标报价编制原则

（1）投标人自主报价。

（2）投标人投标报价不得低于工程成本。

（3）风险分担原则，根据招标文件责任划分确定报价内容和深度。

（4）利用投标人自身实力报价。

（5）结合投标环境和自身需求综合报价。

2. 投标报价编制依据

（1）建设工程工程量清单计价规范。

（2）国家或省级、行业建设主管部门颁发的计价办法。

（3）企业定额，国家或省级、行业建设主管部门颁发的计价定额。

（4）招标文件、工程量清单及其补充通知、答疑纪要。

（5）建设工程设计文件及相关资料。

（6）施工现场情况、工程特点及拟定的投标施工组织设计或施工方案。

（7）与建设项目相关的标准、规范等技术资料。

（8）市场价格信息或工程造价管理机构发布的工程造价信息。

（9）其他相关资料。

2.6.3　投标报价的程序和内容

投标人在投标计价过程中，各项计价工作需遵循一定的先后顺序，才可保证投标报价更合理，进而增强竞争力。投标报价编制流程图如图2.6.1所示。

2.6.4　投标报价策略

在招投标活动中，投标人在投标报价时通常会采用一些投标策略，常用的投标策略如下：

1. 不平衡报价

在总价基本确定后，调整内部各个子项目的报价，以期在不提高总价、不影响中标的情况下，在决算时得到最理想的经济效益。例如，可早日结算项目报高些；工程量预计会增加项目报高些；暂定项目，不分标的可报高些；单价包干项目可报高些等。

不平衡报价一定要控制在合理幅度内（一般是总价的5%~10%），否则容易无法给出合理的单价分析而废标。

2. 多方案报价

在招标文件中，若有工程范围不明确、条款不清楚或技术规范要求过于苛刻时，可在标书上报两个价，即按原招标文件要求报一个价，然后再按某条款（或某规范规定）

微课
投标报价编制

微课
投标报价技巧

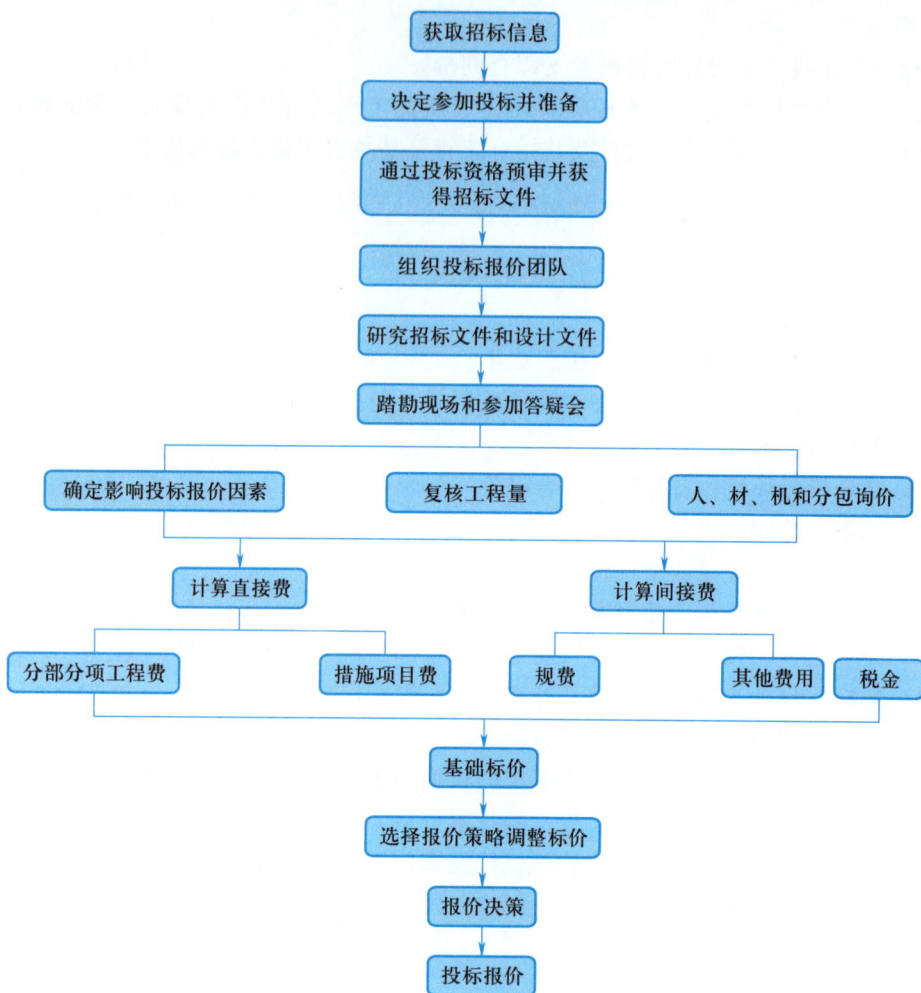

图 2.6.1   投标报价编制流程图

报一个较低的价，吸引业主。

3. 增加建议方案

修改原设计方案，增加可以降低总造价或提前竣工，或使工程使用更合理的建议性方案，不要太具体，保留方案的技术关键；但对原方案也要报价。

4. 突然降价法

在快投标截止时突然降低投标报价。

5. 先亏后盈法

投标人为开辟市场而采用的低价中标方案。对于大型分期建设工程，前期减少利润以争取中标，先踏入项目，后期凭借前期项目基础容易中标，再考虑盈利问题。

6. 低价投标夺标法

采用这种方法的前提是投标人实力强劲，为争取项目先报低价，然后利用索赔扭亏为盈。这种方法应首先确认业主是否采用低价中标，同时要求承包商拥有很强的索赔管理能力。

总之，在投标报价过程中，要针对不同工程的具体特点，采用不同的投标报价策略，在争取中标的同时，保证工程达到最佳经济效益。

［训中探析］

2.6.5 案例分析

案例：完成室内供暖工程投标报价

任务描述：本案例为×××小学教学楼采暖工程。在表2.2.4、表2.3.9、表2.4.12和表2.5.8基础上，按照2019版黑龙江省建设工程计价依据《建筑安装费用定额》中所给的建筑安装工程费用标准执行，安全文明施工费费率、其他措施项目费费率、规费费率按表1.6.4、表1.6.5和表1.6.11中规定计取，企业管理费费率和利润费率取上限，税金费率取9%，本案例不涉及单价措施费和其他项目费用，所以不计算；招标文件中给定的N1环路招标控制价为90 000元，投标人不得超过控制价进行报价。依托2019版黑龙江省建设工程计价依据及计价软件等执行任务。

任务布置：根据案例上述背景描述，按照投标报价方法及策略对×××小学教学楼采暖工程N1环路进行清单投标报价，并将计价软件计算表格输出。

投标基础价计算：投标基础价编制方法同任务1.6清单计价模式下的工程造价编制方法。利用计价软件按照清单计价原理进行计算，参数取定见表2.6.1。

图纸
×××小学教学楼采暖工程

表2.6.1 参数选定

人工费	
项目名称	调增至
普工	100元/工日
技工	140元/工日

其他各项费用	
费用名称	费率/%
企业管理费	14
利润	22
材料风险费	5
施工机具风险费	5
夜间施工费	0.12
二次搬运费	0.12
雨季施工费	0.11
冬季施工费	5
已完工程及设备保护费	0.11
工程定位复测费	0.08
安全文明施工费	2.54

续表

费用名称	费率/%
养老保险费	16
医疗保险费	7.5
失业保险费	0.5
工伤保险费	1
生育保险费	0.6
住房公积金	5
税金	9

计算结果如表2.6.2、表2.6.3所示。

表2.6.2　分部分项工程量清单与计价表

工程名称：×××小学教学楼采暖工程（N1环路）　　　　　标段：　　　　第1页　共1页

序号	项目编码	项目名称	项目特征描述	计量单位	工程量	综合单价	合价	其中暂估价
1	031005001001	铸铁散热器	见表2.2.3	片	707	61.57	43 529.99	
2	031001002001	钢管	见表2.3.5	m	45.36	74.27	3 368.89	
3	031001002002	钢管	……	m	13.34	61.64	822.28	
4	031001002003	钢管	……	m	38.79	49.44	1 917.78	
5	031001002004	钢管	……	m	48.8	51.48	2 512.22	
6	031001002005	钢管	……	m	75.01	45.39	3 404.7	
7	031001002006	钢管	……	m	92.82	35.96	3 337.81	
8	031003003001	焊接法兰阀门	……	个	1	443.99	443.99	
9	031003003002	焊接法兰阀门	……	个	2	384.63	769.26	
10	031003003003	焊接法兰阀门	……	个	1	256.53	256.53	
11	031003001001	螺纹阀门	……	个	18	56.33	1 013.94	
12	031003001002	螺纹阀门	……	个	10	40.19	401.9	
13	031003001003	螺纹阀门	……	个	4	131.48	525.92	
14	031003001004	螺纹阀门	……	个	30	101.35	3 040.5	
15	031003001005	螺纹阀门	……	个	1	93.94	93.94	
16	031003011001	法兰	……	副	1	172.07	172.07	
17	031003011002	法兰	……	副	3	123.07	369.21	
18	031002003001	套管	……	个	1	126.27	126.27	
19	031002003002	套管	……	个	2	60.75	121.5	
20	031002003003	套管	……	个	1	41.35	41.35	
21	031002003004	套管	……	个	3	24.59	73.77	

续表

序号	项目编码	项目名称	项目特征描述	计量单位	工程量	综合单价	合价	暂估价
22	031002003005	套管	……	个	17	23.71	403.07	
23	031002003006	套管	……	个	19	18.99	360.81	
24	031002001001	管道支架	见表2.4.10	kg	117.44	21.02	2 468.59	
25	031201001001	管道刷油	见表2.5.6	m²	22.06	19.35	426.86	
26	031201001002	管道刷油	……	m²	19.26	9.87	190.1	
27	031201003001	金属结构刷油	……	kg	57.2	1.96	112.11	
28	031201003002	金属结构刷油	……	kg	60.24	1.05	63.25	
29	031201006001	布面刷油	……	m²	55.94	14.01	783.72	
30	031208002001	管道绝热	……	m³	1.31	682.59	894.19	
31	031208002002	管道绝热	……	m³	0.62	1 084.63	672.47	
32	031208007001	防潮层、保护层	……	m²	55.94	9.84	550.45	
33	031009001001	采暖工程系统调试	见表2.3.5	系统	1	1 089.44	1 089.44	
		分部小计					74 358.88	
		措施项目						
34	031301017001	脚手架搭拆		项	1	980.95	980.95	
		分部小计					980.95	
		合　计					75 339.83	

表2.6.3　单位工程投标报价汇总表

工程名称：×××小学教学楼采暖工程（N1环路）　　　标段：　　　第1页 共1页

序号	汇总内容	金额/元	其中：暂估价/元
（一）	分部分项工程费	74 358.88	
（二）	措施项目费	2 983.24	
（1）	单价措施项目费	980.95	
2.1.2	脚手架搭拆费	980.95	
（2）	总价措施项目费	2 002.29	
①	安全文明施工费	1 913.63	
②	其他措施项目费	88.66	
③	专业工程措施项目费		
（三）	其他项目费		
（3）	暂列金额		
（4）	专业工程暂估价		
（5）	计日工		
（6）	总承包服务费		
（四）	规费	5 488.82	

续表

序号	汇总内容	金额/元	其中：暂估价/元
（1）	社会保险费	4 591.95	
①	养老保险费	2 869.97	
②	医疗保险费	1 345.3	
③	失业保险费	89.69	
④	工伤保险费	179.37	
⑤	生育保险费	107.62	
（2）	住房公积金	896.87	
（3）	环境保护税		
（五）	税金	7 454.78	
投标报价合计＝（一）＋（二）＋（三）＋（四）＋（五）－甲供材料费		90 285.72	

调整标价： 根据招标文件的招标控制价，即招标方设定的最高限价，投标人需在投标基础价的基础上围绕最高限价进行调整。本案例经决策，报价要控制在投标基础价下浮5%左右，即85 000元左右。调整的思路及方法如下：① 采用不平衡报价策略，先施工的单价调高些，后施工的价高低些；② 在可以让利的取费上调整，比如说企业管理费、利润、其他措施费等；③ 人工费调增上可以下浮。投标基础价调整表如表2.6.4所示。

表2.6.4   投标基础价调整表

调整项目名称		调整前	调整后	备注
人工单价	技工	140	130	
费率	企业管理费	14%	10%	
	利润	22%	10%	
	材料风险费	5%	3%	
	机具风险费	5%	3%	
不平衡报价策略	型钢市场价（先施工）	3 593 元/t	3 800 元/t	这几项的"原报价"是指在以上人工单价、各项费用费率调整完成后的分项工程报价，在这个基础上再进行上下浮动
	防锈漆市场价（后施工）	11.50 元/kg	10.50 元/kg	
	调和漆市场价（后施工）	13.72 元/kg	11.58 元/kg	
	超细玻璃棉管壳 50 mm（后施工）	390 元/m³	350 元/m³	
	超细玻璃棉管壳 40 mm（后施工）	370 元/m³	330 元/m³	

投标报价成果展示： 经过标价调整后，投标人最终以85 281.86元投标报价，具体分部分项工程量清单与计价可扫描二维码查看，单位工程投标报价汇总表如表2.6.5所示。

室内供暖工程
N1 环路调价
后报表

表 2.6.5   单位工程投标报价汇总表

工程名称：×××小学教学楼采暖工程（N1 环路）   标段：   第 1 页 共 1 页

序号	汇总内容	金额/元	其中：暂估价/元
（一）	分部分项工程费	70 117.42	
（二）	措施项目费	2 806.79	
（1）	单价措施项目费	913.93	
2.1.2	脚手架搭拆费	913.93	
（2）	总价措施项目费	1 892.86	
①	安全文明施工费	1 804.2	
②	其他措施项目费	88.66	
③	专业工程措施项目费		
（三）	其他项目费		
（3）	暂列金额		
（4）	专业工程暂估价		
（5）	计日工		
（6）	总承包服务费		
（四）	规费	5 316.03	
（1）	社会保险费	4 447.4	
①	养老保险费	2 779.62	
②	医疗保险费	1 302.95	
③	失业保险费	86.86	
④	工伤保险费	173.73	
⑤	生育保险费	104.24	
（2）	住房公积金	868.63	
（3）	环境保护税		
（五）	税金	7 041.62	
投标报价合计＝（一）+（二）+（三）+（四）+（五）－甲供材料费		85 281.86	

❖ **每课寄语**

工程量清单招投标方式的实行是我国建筑市场发展的必然趋势，是多年来我国市场经济发展的必然结果，也是我国与国际工程造价方式进行接轨的唯一选择，对我国健全招标投标机制和改善建筑市场的竞争环境将起到非常大的作用。

工程量清单的公开性，提高了招投标工作的透明度，为承包商竞争提供了一个共同的起点。实行工程量清单计价模式后的招投标工作，淡化了标底的作用，消除了编制标底给招标活动带来的负面影响，标底作为评标的参考，设与不设均可，不再作为中标与否的依据，彻底避免了标底的跑、漏、靠现象，使招标工程真正做到了"公开、公平、公正和诚实信用"。承包商"报价权"的回归和"合理低价中标"的评定标原则，杜绝了建设市场可能的权钱交易，堵住了建设市场恶性竞争的漏洞，净化了建筑市场环境，确保了建设工程的质量和安全，促进了我国有形建筑市场的健康发展。

在现行清单计价模式下，公开、公平、公正为造价人提供了更好的工作环境。

[训后拓展]

2.6.6　实操训练

1. 任务描述

本项目为×××小学教学楼采暖工程。依据 2019 版黑龙江省建设工程计价依据《建筑安装费用定额》中所给的建筑安装工程费用标准执行，投标基础价所用具体参数参照表 2.6.1 计取，标价调整参照表 2.6.4 进行，本案例不涉及单价措施费和其他项目费用，所以不计算；招标文件中给定的 N2 环路招标控制价为 78 000 元，投标人不得超过控制价进行报价。依托 2019 版黑龙江省建设工程计价依据及计价软件等执行任务。

2. 任务要求

根据上述项目所给的条件，利用计价软件分别完成本次 2 个实操任务，并将任务成果填入下列表格中。

（1）投标基础价报表——分部分项工程量清单与计价表，如表 2.6.6 所示；单位工程投标报价汇总表，如表 2.6.7 所示。

（2）投标报价报表——分部分项工程量清单与计价表，如表 2.6.6 所示；单位工程投标报价汇总表，如表 2.6.7 所示。

表 2.6.6　分部分项工程量清单与计价表

工程名称：　　　　　　　　　　　标段：　　　　　　　第　页　共　页

序号	项目编码	项目名称	项目特征描述	计量单位	工程量	金额/元		
						综合单价	合价	其中 暂估价

班级：　　　　姓名：　　　　日期：　　　　审阅：　　　　成绩：

表 2.6.7 单位工程投标报价汇总表

工程名称： 标段： 第 页 共 页

序号	汇总内容	金额/元	其中：暂估价/元
（一）	分部分项工程费		
（二）	措施项目费		
（1）	单价措施项目费		
2.1.2	脚手架搭拆费		
（2）	总价措施项目费		
①	安全文明施工费		
②	其他措施项目费		
③	专业工程措施项目费		
（三）	其他项目费		
（3）	暂列金额		
（4）	专业工程暂估价		
（5）	计日工		
（6）	总承包服务费		
（四）	规费		
（1）	社会保险费		
①	养老保险费		
②	医疗保险费		
③	失业保险费		
④	工伤保险费		
⑤	生育保险费		
（2）	住房公积金		
（3）	环境保护税		
（五）	税金		

投标报价合计＝（一）＋（二）＋（三）＋（四）＋（五）－甲供材料费

班级： 姓名： 日期： 审阅： 成绩：

通风空调工程清单计价

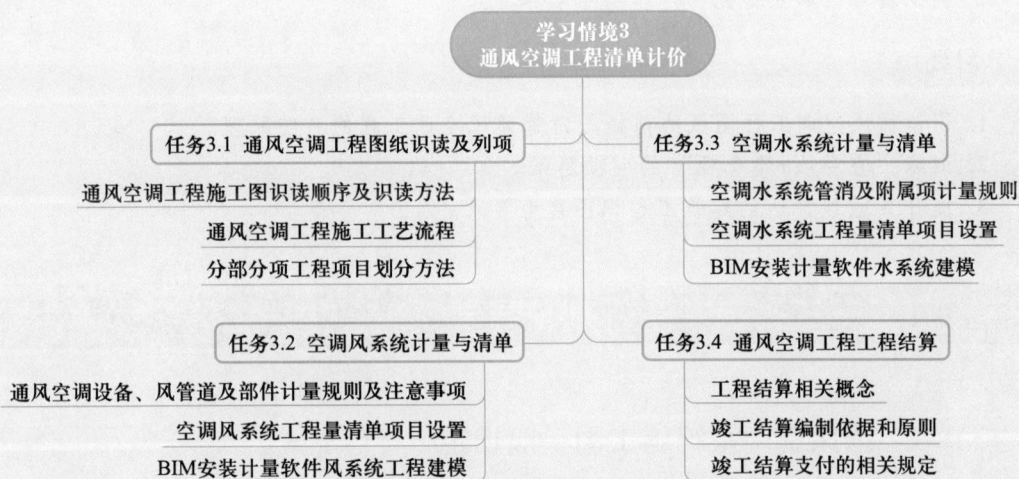

学习情境3
通风空调工程清单计价

任务3.1 通风空调工程图纸识读及列项

通风空调工程施工图识读顺序及识读方法
通风空调工程施工工艺流程
分部分项工程项目划分方法

任务3.3 空调水系统计量与清单

空调水系统管消及附属项计量规则
空调水系统工程量清单项目设置
BIM安装计量软件水系统建模

任务3.2 空调风系统计量与清单

通风空调设备、风管道及部件计量规则及注意事项
空调风系统工程量清单项目设置
BIM安装计量软件风系统工程建模

任务3.4 通风空调工程工程结算

工程结算相关概念
竣工结算编制依据和原则
竣工结算支付的相关规定

培养科学分析问题，解决问题的能力。
认真严谨，行成于思，而毁于随。
培养良好的信息素养，获取有效信息的能力。

动画

空调节能方案
分析

任务 3.1   通风空调工程图纸识读及列项

■ 学习目标

1. 掌握通风空调工程施工图识读顺序及识读方法。
2. 熟悉通风空调工程施工工艺流程。
3. 熟练分部分项工程项目划分方法。
4. 提升 X 技能：建筑工程识图能力。

■ 素质目标

1. 培养良好的信息素养，分辨有效资源的能力。
2. 树立良好的职业道德，培养职业素养。

■ 学习要点

1. 识读通风空调工程图纸的前提是清楚通风空调工程的系统原理。
2. 训练"直观项+隐含项"的列项思维。
3. 提升 X 技能，达到建筑工程识图能力要求。

通风空调系统
常用图例

[训前导学]

3.1.1   通风空调系统施工图一般规定

通风空调工程施工图一般应符合《暖通空调制图标准》《供热工程制图标准》《建筑给排水制图标准》的规定，如比例规定、标高标注方法、管径标注位置、多条管线规格标注方法、系统编号画法等。

其中，风管规格：圆形风管用"$\phi \times$"表示；矩形风管用"宽×高"表示。风管标高标准：一般圆形风管为管中心标高；矩形风管为管底标高。

3.1.2   通风空调工程施工图纸识读

通风空调工程施工图主要由设计总说明、平面图、系统图（轴测图）、剖面图、原理图、施工详图等组成。

1. 设计总说明识读

设计总说明由文字部分、图例和主要设备材料明细清单三个主要部分组成。识读顺序是：先识读文字部分，再看图例和主要设备材料明细清单。

（1）文字部分通常按照设计依据、设计范围、设计内容的顺序依次往下读。主要识读的内容有：工程性质、规模、服务对象及系统工作原理；系统划分和组成，以及系统总送风、排风量和各风口的送风、排风量；通风空调系统的设计参数，如室外气象参数、室内温度和湿度、室内含尘浓度、换气次数以及空气状态参数等；施工质量要求和特殊的施工方法；保温、油漆等的施工要求。

（2）设计总说明中还要附有图例，均应按照最新版《暖通空调制图标准》使用统一的图例来表示。

（3）主要设备材料在设计说明中以明细清单形式呈现，在表中主要列明设备品种、规格和主要尺寸，以及材料型号、规格、数量等。

2. 平面图识读

通风空调工程平面图中有风系统和水系统两个系统。风系统和水系统要分别识读。

（1）风系统识图顺序：按照介质流动方向，依次识读空调设备、送风干管、送风支管、送风口，然后到回风口、回风支管、回风干管，最后再回到空调设备，形成一个风系统循环环路。

① 一般空调房内：风管、送风口、回（排）风口、风量调节阀等部件和设备在建筑物内的平面坐标位置；送风口、回（排）风口的空气流动方向；通风空调设备的外形轮廓、规格型号及平面坐标位置。

② 空调机房内：空调箱内风机、加热器、表冷器、加湿器等设备的型号、数量，以及各设备的定位尺寸；送风管、回风管、新风管与空调箱相连接的具体位置；各管道、设备、部件的尺寸大小及定位尺寸；消声设备、柔性短管、防火阀、调节阀门的位置尺寸。

③ 冷冻机房内：制冷机组的型号与台数、冷冻水泵和冷凝水泵的型号；各设备、管道和管道上的配件（如过滤器、阀门等）的尺寸大小和定位尺寸。

（2）水系统识图顺序：按照介质流动方向，找到提供冷、热源设备的位置，依次识读供水干管、供水支管、空调设备、回水支管、回水干管、冷凝水支管、冷凝水干管，最后再回到冷、热源机组，形成一个水系统循环环路。

从水管系统平面图中可以看出冷、热媒管道及凝结水管道的平面布置，以及与空调箱相连接的具体位置。

3. 系统图识读

通风空调工程系统图要对照着平面图、剖面图来看，按照介质流动方向识读。

（1）明确风管道系统的系统走向，看清通风空调设备、风管、各部件之间的相对空间位置关系。

（2）读出风管、部件及附属设备的标高、各段风管的断面尺寸、送风口、回风口的形式和风量值等。

（3）水管路系统的系统走向，供水管、回水管、冷凝水管的空间布置位置，标高、连接形式、管径等。

4. 剖面图识读

通风空调工程剖面图识读要先查明通风空调平面图上的剖切位置，然后对照相应的通风空调平面图进行识读。主要识读的内容有：

（1）通风管路及设备在建筑物中的垂直位置、相互之间的关系、标高及尺寸。

（2）在剖面图上可以看出风机、风管、风帽等的安装高度。

5. 原理图识读

一般情况下复杂的通风空调系统才绘制系统原理图。它所表达的是系统的工作原理及各环节联系；它是一个综合性示意图，将空调系统的各个部分连接成一个整体。

6. 施工详图识读

通风空调工程施工详图包括加工详图和安装详图。可以表达出在平面图和系统图中复杂节点的详细构造及设备安装方法，并给出具体尺寸，供安装时使用。

3.1.3 通风空调工程施工工艺

1. 空调风系统安装工艺

安装准备→风管及部件预制加工→托吊架制作→托吊架安装→风管预组装→风管吊装、连接→部件安装→检验→保温。

2. 空调设备安装工艺

安装准备→设备基础验收→设备开箱检验→设备运输→单机试压→设备安装→配管连接→接电源→单机调试。

3. 空调水系统安装工艺

安装准备→预制加工→卡架安装→水管安装→试压→冲洗→防腐→保温→调试。

[训中探析]

3.1.4 案例分析

案例1：完成某汽车行通风空调工程识图

1. 项目描述

该项目为某汽车行新建工程，本案例通风空调工程所用的施工图样为一层空调通风防排烟平面图（图3.1.1，见书后插页）、一层空调水系统平面图（图3.1.2，见书后插页）、风机盘管安装大样图（图3.1.3）、图例（图3.1.4）。

（1）空调冷热源

空调夏季冷源由设于厂区内制冷机房的冷水机组提供，供、回水温度为7 ℃、12 ℃，冬季热源由厂区内换热站提供，二次侧供、回水温度为70 ℃、50 ℃。

（2）空调水系统

① 图中所注管道标高均以管中心为准。冷水供回水管采用焊接钢管，DN≤32采用丝接，DN>32采用焊接连接，盘管凝水管采用镀锌钢管丝接。

② 水管路系统中的最低点处，应配置DN25泄水管，并配置相同直径的闸阀。在最高点处，应配置DN20的自动排气阀。

③ 管道支吊架的最大跨距，不应超过表3.1.1给出的数值。

表3.1.1 管道支吊架的最大跨距

公称直径/mm	15~25	32~50	65~80	100	125	150	200
最大跨距/m	2.0	3.0	4.0	4.5	5.0	6.0	7.0

图纸

某汽车行通风空调工程

吊顶式空气处理机组 LWHA020

冷凝水管 DN20
冷水进水管 DN20
冷水出水管 DN20
热水进水管 DN20
热水出水管 DN20

风机盘管专用排气阀
不锈钢软接头
电动二通阀

卧式暗装风机盘管 HFCF04H

单层百叶回风网 带过滤网 793×200

冷凝水管 DN20
进水管 DN20
出水管 DN20

风机盘管专用排气阀
不锈钢软接头
电动二通阀

729×200

根据装修吊顶布置图进行设置 各风口总净面积0.057 m²

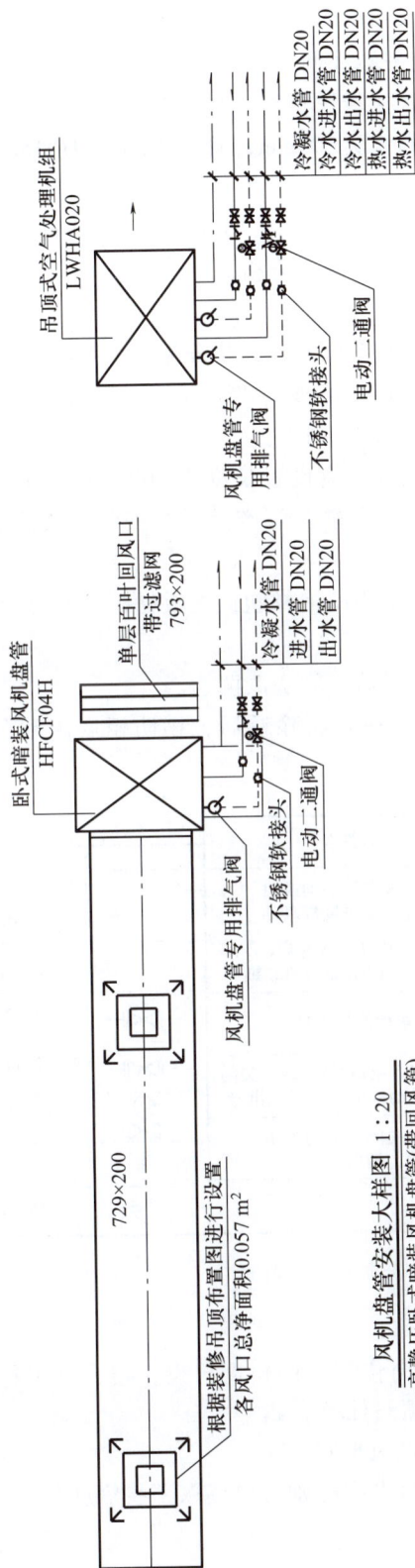

风机盘管安装大样图 1：20
高静压卧式暗装风机盘管(带回风箱)

注:1. 以右式为例。

2. 其他型号的卧式暗装高静压风机盘管对应的回风口规格为:
   - HFCF03H 693×200
   - HFCF06H 963×200
   - HFCF10H 1493×200

3. 其他型号的卧式暗装高静压风机盘管对应的送风管规格为:
   - HFCF03H 479×200
   - HFCF06H 864×200
   - HFCF10H 1319×200

4. 其他型号的卧式暗装高静压风机盘管对应的送风口面积为:
   - HFCF03H 各风口总净面积0.043 m²
   - HFCF06H 各风口总净面积0.086 m²
   - HFCF10H 各风口总净面积0.14 m²

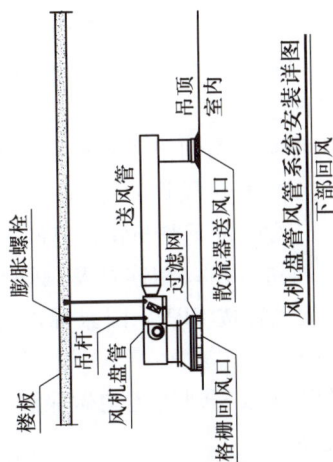

楼板
膨胀螺栓
吊杆
过滤网
送风管
吊顶
室内
风机盘管
散流器送风口
格栅回风口
下部回风

风机盘管风系统安装详图

图3.1.3 风机盘管安装大样图

④ 风机盘管，吊顶新风机组前分支管设铜球阀（Q11F-16T），供水支管设电动二通阀。风机盘管分支环路供水干管设置碟阀（D71X-16C），回水干管设置静态水力平衡阀，其他部位所有阀门安装闸阀（Z15T-10T），且应安装在便于维修的部位。

⑤ 空调冷水供、回水管，凝水管（包括空调、新风机组、风机盘管系统冷水管道），采用难燃 B1 级闭泡橡塑保温，管径 DN≤50，厚度为 25 mm；管径 DN70～DN150，厚度为 28 mm。

⑥ 管道安装完工后，应进行水压试验。试验压力为 0.6 MPa，在 10 min 内压降大于 20 kPa 为合格。冷凝水管必须作充水试验，无渗漏为合格。

（3）空调风系统

① 该工程空调房间采用风机盘管加新风的空调系统形式，共分为 3 个系统。

② 设计图中所注风管的标高，对于圆形时，以中心线为准；对于方形或矩形时，以风管顶为准。风管为下平安装，空调风管采用镀锌钢板制作。

③ 通风机进、出口相连处及风管与风口连接处，应设置长度为 200～300 mm 的软风管，该工程软风管按 CPXY 国家标准硅玻金复合不燃软风管产品进行安装。软接的接口应牢固、严密。

④ 空调新风及送风管道均做保温，保温材料采用闭泡橡塑保温板材，厚度为 25 mm。

（4）油漆

① 保温风管、冷水管道、设备等，在表面除锈后，刷底漆两遍。

② 不保温的风管、金属支吊架、排水管等，在表面除锈后，刷防锈底漆和色漆各两遍。

风系统				控制要求		
送风口	□↑	板式排烟口	⊘	常闭，火灾时手动或自动打开，并与风机联动		供水管
排风口	▤↓	排烟防水阀	280℃ ◨	常闭型，电信号DC24 V开启，280℃重新关闭，与相应排烟风机联锁		回水管
止回阀	⋈	电动密闭保温阀	◨•	与所在系统的风机联动。		冷凝水管
对开多叶调节阀	▨	防烟防水阀	◧	70℃自动关闭，电讯号DC24 V关闭，手动关闭，手动复位，输出电讯号	—▷◁—	闸(碟)阀
百叶窗	▥	70℃防火阀	⊠	70℃自动关闭，手动关闭，手动复位，输出电信号	—▷◁—	静态流量平衡阀
恒风量调节器	◪				Ⓜ	电动两通阀
					—✳—	固定支架
					▷◁	Y型过滤器

图 3.1.4　某汽车行新建工程通风空调工程图例

2. 室内通风空调工程图纸识读

任务布置：根据风系统平面图，从安装造价岗位需求的角度出发，结合汽车行通风空调工程图纸识读方法及列项思维进行识读，并填写任务表。

问题思考：（1）该项目风系统采用的是哪种送风形式？

（2）在设计总说明、平面图、系统图中分别可以读取哪些信息？

成果展示：任务成果见表 3.1.2。

表 3.1.2　通风空调工程识图任务表

实训项目	实训内容		备注
某汽车行通风空调工程（风系统）识图	设计说明	1. 空调系统形式：风机盘管加新风 2. 管材：风管采用镀锌钢板 3. 防腐保温：保温风管、设备等，除锈后，刷防锈底漆两遍；不保温风管、金属支吊架等，除锈后，刷防锈底漆和色漆各两遍 4. 熟悉图例，了解图纸目录	在识读施工图纸时，要建立列项思维，边识读边勾勒出分部分项工程项目框架
	平面图	1. 系统形式：本层有新风系统 1 套，风机盘管送风 29 套，排风系统 1 套 2. 新风系统：新风在靠近Ⓑ轴和⑩轴处进入室内，通过送风管将室外新鲜空气送入到 XF-1 中进行处理，处理后的新鲜空气通过送风管进入到各个房间；夏季制冷，冬季供暖 3. 风机盘管送风：在各个房间中安装的风机盘管在夏季时，通过设备的回风口将房间内污浊的空气利用风机负压吸入，再进行空气处理，处理后的空气通过送风管上的送风口再送回到房间里 4. 排风系统：驾驶员休息室、男女卫生间通风器负压吸收室内的污浊空气，通过排风管道排到室外 5. 定位尺寸：建筑物轴线尺寸如图标注，以毫米计	
	详图	1. 风机盘管大样图：从图上可以清楚设备上的回风口规格，连接的送风管规格及形状，方形散流器规格 2. 风机盘管安装详图：可以清楚看到风管及部件，设备支架具体安装位置及形式	

案例 2：完成某汽车行通风空调工程列项

利用"直观项+隐含项"的列项思维，识读平面图、系统图等列出直观项，再依托设计总说明、定额、施工工艺等分析列出隐含项，实现汽车行通风空调工程风系统分部分项工程项目的正确划分。

任务布置：根据本案例所给的施工图样，结合定额对汽车行通风空调工程风系统进行列项，并填写任务表。

问题思考：（1）从平面图、系统图上可以看到的"直观项"有哪些？

（2）从设计总说明、通风空调施工工艺、定额中可以分析出哪些"隐含项"？

成果展示：任务成果见表 3.1.3。

表 3.1.3 通风空调工程（风系统）列项任务表

实训项目	实训内容		备注
某汽车行通风空调工程（风系统）列项	直观项	根据识读平面图、系统图可以看到的直观项有： 1. 新风机组安装 2. 风机盘管安装 3. 卫生间通风器安装 4. 电热辐射板安装 5. 镀锌薄钢板风管制作安装 6. 阀门安装 7. 风口安装	根据本案例施工图样直观得出
	隐含项	从设计总说明、通风空调工程施工工艺及定额等分析出的隐含项有： 8. 软连接制作与安装 9. 设备支架制作与安装 10. 一般钢结构除锈、刷油 11. 风管保温	根据本案例设计总说明，通风空调工程施工工艺及定额规定等分析得出

❖ **每课寄语**

　　劳动意识是当代中国学生发展核心素养的"实践创新"的基本点和重要表现。劳动意识重点是尊重劳动，具有积极的劳动态度和良好的劳动习惯；具有动手操作能力，掌握一定的劳动技能；在主动参加的家务劳动、生产劳动、公益活动和社会实践中，具有改进和创新劳动方式、提高劳动效率的意识；具有通过诚实合法劳动创造成功生活的意识和行动等。

　　因此，作为造价人，我们要善于发现和提出问题，有解决问题的兴趣和热情；能依据特定情境和具体条件，选择制订合理的解决方案；具备在复杂环境中行动的能力。

［训后拓展］

3.1.5　实操训练

1. 项目描述

　　该项目为某汽车行通风空调工程，所用的施工图样为一层空调通风防排烟平面图（图3.1.1，见书后插页）、一层空调水系统平面图（图3.1.2，见书后插页）、风机盘管安装大样图（图3.1.3，见书后插页）、图例（图3.1.4）。该建筑共1层，建筑高度为3.50 m。本实训内容截选自项目中的水系统。

2. 任务要求

　　根据上述项目所给的条件，分别完成以下2个实操任务，并将任务成果以文字的形式填写在表3.1.4中。

　　（1）通过设计总说明、平面图及系统图等完成该项目通风空调工程水系统图纸识读。

　　（2）根据"直观项+隐含项"列项思维，完成该项目通风空调工程水系统列项。

图纸
某汽车行通风空调工程

任务3.1
实操训练答案

表 3.1.4　通风空调工程（水系统）识图及列项任务表

工程名称：　　　　　　　　　　　　　　　　　　　　　　　第　页　共　页

实训项目	实训内容		备注
某汽车行通风空调工程（水系统）识图	设计总说明		
	平面图		
	详图		
某汽车行通风空调工程（水系统）列项	直观项		
	隐含项		

班级：　　　　　　　姓名：　　　　　　　日期：　　　　　审阅：　　　　　成绩：

任务 3.2　空调风系统计量与清单

■ 学习目标

1. 掌握通风空调设备、风管道及部件计量规则及注意事项。
2. 正确设置空调风系统工程量清单项目。
3. 提升 X 技能，利用 BIM 安装计量软件对空调风系统进行建模。

■ 素质目标

1. 培养学生利用工程思维分析问题和解决问题的能力。
2. 培养精益求精的工匠精神。
3. 培养科学精神、创新精神。

■ 学习要点

1. 清楚本案例采用的风系统形式。
2. 掌握空调风管道常规计量规则，以及涉及不规则部位的计算方法。
3. 清晰判断通风空调设备所在系统及其特点。
4. 软件建模时，处理好管件的连接。
5. 项目特征描述要详尽、全面。
6. 对接 X 技能：工程数字造价，提升建模能力。

[训前导学]

3.2.1　空调风系统工程量计量规则

2019 版黑龙江省建设工程计价依据《通用安装工程消耗量定额》针对通风空调工程中风系统相关的计量规则如下。

1. 通风空调设备

（1）空调器（吊顶式、落地式、壁挂式）、整体式空调机组、空调器安装按设计图示数量计算，以"台"为计量单位。

（2）分段组装式空调机组安装依据设计风量，按设计图示数量计算，以"100 kg"为计量单位。

（3）多联体空调机室外机安装依据制冷量，按设计图示数量计算，以"台"为计量单位。

（4）风机盘管安装按设计图示数量计算，以"台"为计量单位。

（5）空气幕按设计图示数量计算，以"台"为计量单位。

（6）通风机安装依据不同形式、规格按设计图示数量计算，以"台"为计量单位。

微课

通风空调设备
计量

风机箱安装按设计图示数量计算，以"台"为计量单位。

（7）设备支架制作安装按设计图示尺寸以质量计算，以"kg"为计量单位。

2. 通风管道

（1）薄钢板通风管道

① 薄钢板通风管道按设计图示规格以展开面积（包括风管末端堵头）计算，以"10 m²"为计量单位。不扣除检查孔、测定孔、送风口、吸风口等所占面积。风管、管口重叠部分面积已包括在定额中，不再另行计算。圆形风管按式（3.2.1）计算：

$$F = \pi DL \tag{3.2.1}$$

式中　F——圆形风管展开面积，m^2；

　　　D——圆形风管直径，m；

　　　L——管道中心线长度，m。

矩形风管按图示周长乘以管道中心线长度计算。

② 薄钢板通风管道长度按设计图示中心线长度计算（主管与支管以其中心线的交点划分），包括弯头、变径管、天圆地方等管件的长度，不包括阀门、消声器等部件所占长度。因此在计算时应扣减部件长度，一般通风管道部件是指风管阀门、风帽、静压箱及消声器等，阀门长度的确定，当设计有规定时，按设计规定的长度计算；设计没有规定时，按标准图长度或参考以下规定进行计算：

蝶阀　$L = 150$ mm

止回阀　$L = 300$ mm

密闭式对开多叶调节阀　$L = 210$ mm

圆形风管防火阀　$L = (D+240)$ mm

矩形风管防火阀　$L = (B+240)$ mm，B 为风管高度

另外，密闭式斜插板阀长度尺寸可扫描二维码查看。

③ 净化风管、不锈钢风管、铝板风管、塑料风管、玻璃钢风管、复合型风管计算方法与薄钢板通风管道相同。

④ 涉及不同管径风管连接时，风管面积计算有以下两种情况：

当主管和支管斜交接时，如图 3.2.1 所示。

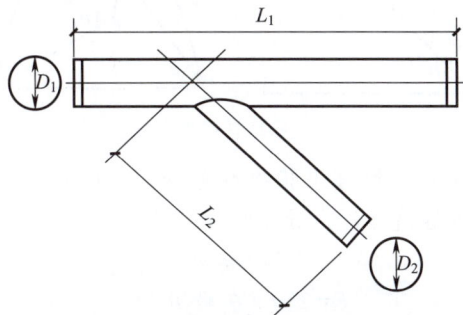

图 3.2.1　主管和支管斜交接示意图

主管展开面积为 $F_1 = \pi \times D_1 \times L_1$，支管展开面积为 $F_2 = \pi D_2 \times L_2$。

当主管和一个支管及一个弯管交接时，如图 3.2.2 所示。

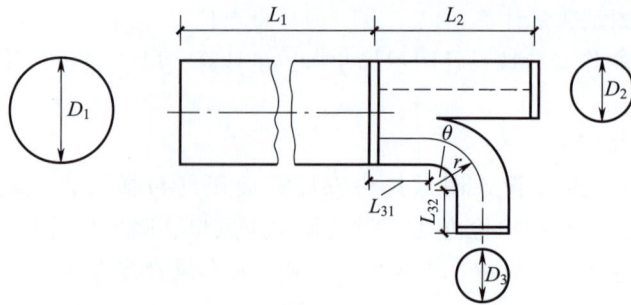

图 3.2.2　主管和一个支管及一个弯管交接示意图

主管展开面积为　　　　　　　　$F_1 = \pi \times D_1 \times L_1$　　　　　　　　（3.2.2）

支管 1 展开面积为　　　　　　$F_2 = \pi \times D_2 \times L_2$　　　　　　　　（3.2.3）

支管 2 展开面积为　　　$F_3 = \pi \times D_3 \times (L_{31} + L_{32} + 2\pi r\theta)$　　　（3.2.4）

式中　　θ——弧度，θ = 角度 × 0.017 45；

　　角度——中心线夹角；

　　　r——弯曲半径。

⑤ 风管导流叶片制作、安装按图 3.2.3 所示叶片的面积计算。

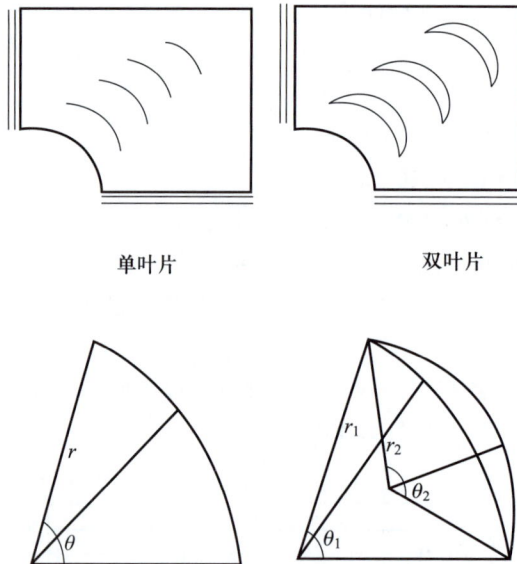

单叶片　　　　　　　双叶片

图 3.2.3　风管导流叶片示意图

导流叶片具体说明如下：根据施工验收规范规定，内弧形或内斜线形弯管，当边长 $A \geq 500$ mm 时，弯管内设置导流叶片，导流叶片公式如下：

单叶片　　　　　　　　　$F = 2\pi r\theta b$　　　　　　　　　（3.2.5）

双叶片　　　　　　　　$F = 2\pi(r_1\theta_1 + r_2\theta_2)b$　　　　　　（3.2.6）

式中　　　b——导流叶片宽度；

　　　　θ——弧度，θ = 角度 × 0.017 45；

　　　角度——中心线夹角；

　r、r_1、r_2——弯曲半径；

　　b——叶片长度。

　　⑥ 软管（帆布接口）制作、安装，按图示尺寸以"m^2"为计量单位。

　　⑦ 整个通风系统设计采用渐缩管均匀送风时，圆形风管按平均直径、矩形风管按平均周长计算。套用相应定额子目，其人工乘以系数2.5；如制作空气幕送风管时，其人工乘以系数3.0，其余不变。其他等径部分按普通风管计算。渐缩管送风图如图3.2.4所示。

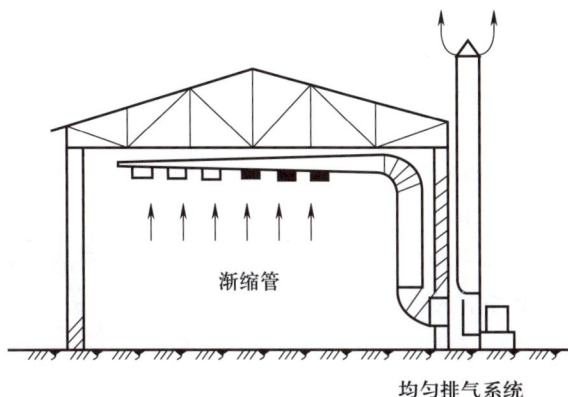

图 3.2.4　渐缩管送风图

　　⑧ 薄钢板风管整个通风系统设计采用渐缩管均匀送风者，圆形风管按平均直径，矩形风管按平均周长参照相应规格子目，其人工乘以系数2.5。

　　⑨ 如制作空气幕送风管时，按矩形风管平均周长执行相应风管规格子目，其人工乘以系数3.0，其余不变。

　　（2）柔性软风管安装

　　柔性软风管安装按设计图示中心线长度计算，以"m"为计量单位；柔性软风管阀门安装按设计图示数量计算，以"个"为计量单位。

　　柔性软风管适用于由金属、涂塑化纤织物、聚酯、聚乙烯、聚氯乙烯薄膜、铝箔等材料制成的软风管。

3. 通风管道部件

　　（1）调节阀安装依据其类型、直径（圆形）或周长（方形），按设计图示数量计算，以"个"为计量单位。

　　（2）柔性软风管阀门安装按设计图示数量计算，以"个"为计量单位。

　　（3）各种风口、散流器的安装依据类型、规格尺寸按设计图示数量计算，以"个"为计量单位。

　　（4）百叶窗及活动金属百叶风口安装依据规格尺寸按设计图示数量计算，以"个"为计量单位。

　　（5）消声弯头安装按设计图示数量计算，以"个"为计量单位。

　　（6）消声静压箱安装按设计图示数量计算，以"个"为计量单位。

　　（7）静压箱制作安装按设计图示尺寸以展开面积计算，以"$10\ m^2$"为计量单位。

4. 相关刷油、防腐蚀、绝热工程

　　（1）除锈、刷油工程

　　① 风管以展开面积"m^2"计算。

通风管道部件
计量

通风管道及部件
除锈刷油计量

② 通风空调部件和吊托支架以质量 "kg" 为单位计算。

③ 薄钢板风管刷油按其工程量执行相应项目，仅外（或内）面刷油者按定额乘以系数 1.2；内外均刷油者乘以系数 1.1（其法兰、加固框、吊托支架已经包括在此系数内）。

④ 风管部件（指通风、空调风管系统中的风口、阀门、排气罩等）刷油时，按金属结构刷油定额相应子目乘以系数 1.15 计算。

⑤ 各种管件、阀门及设备上人孔、管口凹凸部分的除锈刷油已综合考虑在定额内。

（2）绝热工程

① 矩形风管保温（示意图见图 3.2.5）体积按下式计算：

$$V = S_{风管}\delta + 4\delta^2 L \qquad (3.2.7)$$

② 矩形风管外保护层面积按下式计算：

$$S = S_{风管} + 8\delta L \qquad (3.2.8)$$

③ 圆形风管保温体积按下式计算：

$$V = W_{平均}L\delta \qquad (3.2.9)$$

式中　V——绝热体积，m^3；

　　　S——保护层面积，m^2；

　　$S_{风管}$——风管展开面积，m^2；

　$W_{平均}$——风管截面平均周长，m；

　　　δ——保温材料厚度，m；

　　　L——风管长度，m。

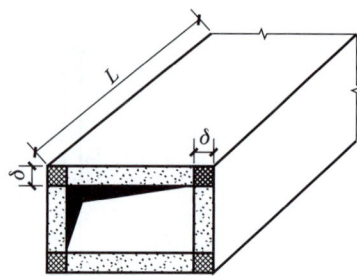

图 3.2.5　矩形风管保温示意图

3.2.2　空调风系统工程量清单设置

《通用安装工程工程量计算规范》中附录 G 是针对通风空调工程的工程量清单项目。与本案例相关的通风及空调设备及部件制作安装清单项目见表 3.2.1。

表 3.2.1　通风及空调设备及部件制作安装（编码：030701）

项目编码	项目名称	项目特征	计量单位	工程量计算规则	工作内容
030701003	空调器	1. 名称 2. 型号 3. 规格 4. 安装形式 5. 质量 6. 隔震（垫）器、支架形式、材质	台（组）	按设计图示数量计算	1. 本体安装或组装、调试 2. 设备支架制作、安装 3. 补刷（喷）油漆
030701004	风机盘管	1. 名称 2. 型号 3. 规格 4. 安装形式 5. 减震器、支架形式、材质 6. 试压要求	台	按设计图示数量计算	1. 本体安装、调试 2. 支架制作、安装 3. 试压 4. 补刷（喷）油漆

风机安装清单项目见表3.2.2。

表 3.2.2　风机安装（编码：030108）

项目编码	项目名称	项目特征	计量单位	工程量计算规则	工作内容
030108006	其他风机	1. 名称 2. 型号 3. 规格 4. 质量 5. 材质 6. 减震底座形式、数量 7. 灌浆配合比 8. 单机试运转要求	台	按设计图示数量计算	1. 本体安装 2. 拆装检查 3. 减震台座制作、安装 4. 二次灌浆 5. 单机试运转 6. 补刷（喷）油漆

通风管道制作安装清单项目见表3.2.3。

表 3.2.3　通风管道制作安装（编码：030702）

项目编码	项目名称	项目特征	计量单位	工程量计算规则	工作内容
030702001	碳钢通风管道	1. 名称 2. 材质 3. 形状 4. 规格 5. 板材厚度 6. 管件、法兰等附件及支架设计要求 7. 接口形式	m^2	按设计图示内径尺寸以展开面积计算	1. 风管、管件、法兰、零件、支吊架制作、安装 2. 过跨风管落地支架制作、安装

通风管道部件制作安装清单项目见表3.2.4。

表 3.2.4　通风管道部件制作安装（编码：030703）

项目编码	项目名称	项目特征	计量单位	工程量计算规则	工作内容
030703001	碳钢阀门	1. 名称 2. 型号 3. 规格 4. 质量 5. 类型 6. 支架形式、材质	个	按设计图示数量计算	1. 阀体制作 2. 阀体安装 3. 支架制作、安装
030703007	碳钢风口、散流器、百叶窗	1. 名称 2. 型号 3. 规格 4. 质量 5. 类型 6. 形式			1. 风口制作、安装 2. 散流器制作、安装 3. 百叶窗安装
030703019	柔性接口	1. 名称 2. 规格 3. 材质 4. 类型 5. 形式	m^2	按设计图示尺寸以展开面积计算	1. 柔性接口制作 2. 柔性接口安装

支架及其他清单项目见表3.2.5。

表3.2.5   支架及其他（编码：031002）

项目编码	项目名称	项目特征	计量单位	工程量计算规则	工作内容
031002002	设备支架	1. 材质 2. 形式	1. kg 2. 套	1. 以千克计量，按设计图示质量计算 2. 以套计量，按设计图示数量计算	1. 制作 2. 安装

通风工程检测、调试清单项目见表3.2.6。

表3.2.6   通风工程检测、调试（编码：030704）

项目编码	项目名称	项目特征	计量单位	工程量计算规则	工作内容
030704001	通风工程检测、调试	风管工程量	系统	按通风系统计算	1. 通风管道风量测定 2. 风压测定 3. 温度测定 4. 各系统风口、阀门调整

3.2.3   空调风系统 BIM 算量模型建立

进入广联达 BIM 安装算量软件，在左侧导航栏处找到通风空调下的通风设备、通风管道等的指引项，在"构件列表"中建立通风空调工程中各种风系统分项，利用"设备提量"或"识别通风管道"等功能建立模型。

（二维码）录屏
空调风系统
BIM 建模实操

[训中探析]

3.2.4   案例分析

案例1：完成新风系统计量

（二维码）图纸
某汽车行通风
空调工程

任务描述：本案例为某汽车行通风空调工程，应按照 2019 版黑龙江省建设工程计价依据《通用安装工程消耗量定额》中的工程量计算规则，以及设计文件中的工程内容、设计总说明及定额解释等执行任务。

任务布置：根据本案例所给的施工图样，结合定额中的计量规则对新风系统进行计量，并将结果汇总。

难点剖析：针对任务成果表 3.2.2 中部分计算难点剖析如下。

[例1] 根据施工图样，连接新风机组的新风入口处管段为 800×320 的风管从靠近Ⓑ轴处进入，经过密闭保温阀和 70° 防火阀，再进入到新风机组，试对其工程量进行计算。

[解] 根据薄钢板通风管道计算规则，其计算过程如下：

（1）计算风管长度

通过图上量截得

$$6.895 \text{ m} + 2.100 \text{ m} = 8.995 \text{ m}$$

（2）扣减部件长度

从图 3.2.6 分析得知，此管段经过的部件有 800 mm×320 mm 的密闭保温阀、70° 防火阀和软连接。其中，阀门取定 $L = 200\ \text{mm}$，软连接取定 $L = 200\ \text{mm}$，所以

$$L_{净} = 8.995\ \text{m} - 3 \times 0.20\ \text{m} = 8.395\ \text{m}$$

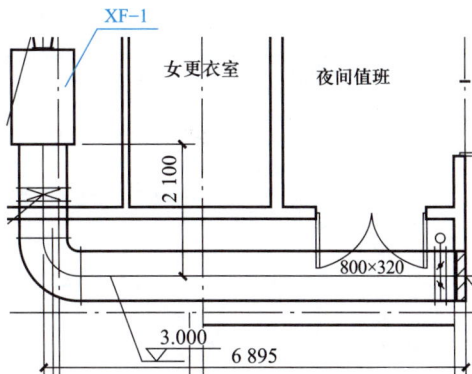

图 3.2.6　风管示意图

（3）风管展开面积计算

对于矩形风管，$F = 2(a+b)L_{净} = 2 \times (0.8+0.32)\ \text{m} \times 8.395\ \text{m} = 18.81\ \text{m}^2$。

［例2］　由设计说明可知新风系统中的风管道需要保温，保温层 $\delta = 25\ \text{mm}$，所以根据例1中计算出的风管参数，试计算其保温工程量。

［解］　例1中风管形状为矩形，所以根据公式：

$$\begin{aligned}
V &= S_{风管}\delta + 4\delta^2 L \\
&= 2 \times (0.8+0.32)\ \text{m} \times 8.795\ \text{m} \times 0.025\ \text{m} + 4 \times 0.025\ \text{m} \times 0.025\ \text{m} \times 8.795\ \text{m} \\
&= 0.515\ \text{m}^3
\end{aligned}$$

［例3］　由设计说明可知在设备与风管相连接处要设软连接，L 一般在 $200 \sim 300\ \text{mm}$，本案例取定为 $200\ \text{mm}$，试计算例1中 $800\ \text{mm} \times 320\ \text{mm}$ 管段上软连接工程量。

［解］　软连接工程量需计算展开面积，由图可以分析出软连接的规格为 $800\ \text{mm} \times 320\ \text{mm}$，$L = 200\ \text{mm}$，所以，$F_{软} = 2 \times (0.8+0.32)\ \text{m} \times 0.2\ \text{m} = 0.448\ \text{m}^2$

［例4］　新风系统中通风管道支架工程量如何计算？

［解］　通风管道支架计算可以通过以下两种途径：

（1）根据标准图集08K132中风管支架最大间距表计算，如表3.2.7所示。

表 3.2.7　金属风管水平安装支吊架最大间距　　　　单位：mm

序号	风管大边长或直径 $a(D)$/mm		矩形风管	圆形风管	
				纵向咬口风管	螺旋咬口风管
1	$a(D) \leqslant 400$		4 000	4 000	5 000
2	$a(D) > 400$		3 000	3 000	3 750
3	薄钢板法兰网管	$a \leqslant 400$	3 000	—	—
4		$400 < a \leqslant 1\ 250$	2 600	—	—
5		$a > 1\ 250$	2 300	—	—

注：①C型插条法兰、S型插条法兰风管的支吊架间距不应大于 3 000 mm。

②铝板风管板厚大于 1.5 mm 时，需采用氩弧焊或气焊连接，支吊架最大间距按螺旋咬口风管确定。

（2）根据定额子目下的"材料明细表"计算，如图3.2.7所示。

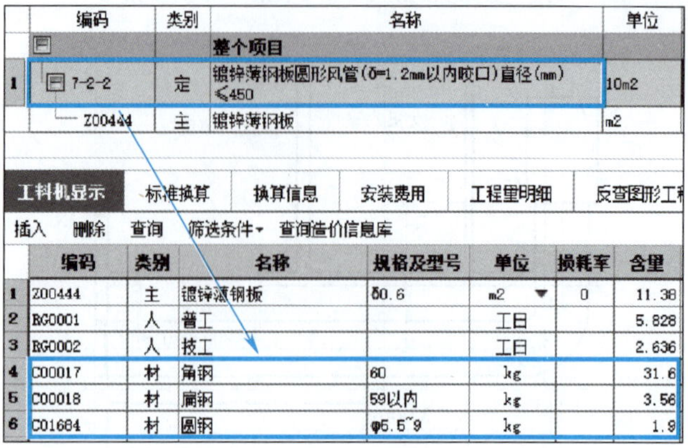

图3.2.7   材料明细

选用第二种方法，查定额子目下的材料明细表，计算结果见表3.2.8。

表3.2.8   通风管道支架计算表

风管长边长 a/mm	计算式	单位	工程量
≤1 000	18.81/10×（35.04+0.16+15.287+1.12+1.49）	kg	99.88
≤450	（11.77+3.42）/10×（35.66+1.33+1.93）	kg	59.12
≤320	（3.21+4.43+9.46+5.30+9.56+12.59）/10×（40.42+2.15+1.35）	kg	195.66
合 计		kg	354.66

成果展示：新风系统工程量计算任务成果见表3.2.9。

表3.2.9   工程量计算表

工程名称：某汽车行通风空调工程-新风系统   第1页   共1页

序号	项目名称	工程量计算式	单位	数量	备注
1	吊顶式空调处理机		台	1	2 000 kg
2	镀锌薄钢板风管				
	800×320	2×（0.8+0.32）×[（6.895+2.100）−3×0.20]	m²	18.81	
	400×250	2×（0.4+0.25）×[（1.990+7.462）−2×0.20]	m²	11.77	
	400×160	2×（0.4+0.16）×3.051	m²	3.42	
	320×160	2×（0.32+0.16）×3.348	m²	3.21	
	250×160	2×（0.25+0.16）×（0.952+4.454）	m²	4.43	
	200×160	2×（0.20+0.16）×（3.050+3.100+6.984）	m²	9.46	
	160×160	2×（0.16+0.16）×（5.411+3.069−0.200）	m²	5.30	
	160×120	2×（0.16+0.12）×（4.360+4.885+3.471+2.098+0.833+1.828−2×0.200）	m²	9.56	

新风系统工程
量计算表

续表

序号	项目名称		工程量计算式	单位	数量	备注
	120×120		2×(0.12+0.12)×(1.550×2+4.001+2.530+1.790+0.793+0.793+4.040+3.490+2.760+2.380+2.760−11×0.200)	m²	12.59	
3	阀门安装					
	电动密闭保温阀	800×320		个	1	
	70°防火阀	800×320		个	1	
		400×250		个	1	
	恒风量调节器	160×160		个	1	
		160×120		个	2	
		120×120		个	11	
4	风口安装					
	防雨百叶	800×320		个	1	
	单层百叶风口	160×120		个	2	
		120×120		个	14	
5	软连接		2×(0.8+0.32)×0.2+2×(0.4+0.25)×0.2	m²	0.71	
6	设备支架制作安装		根据实际施工情况而定	kg	50	
7	一般钢结构除锈、刷油		50（设备支架）+354.66（风管支架）	kg	404.66	
8	绝热工程		800×320：[2×(0.80+0.32)×(1.900+6.895)×0.025+4×0.025×0.025×8.795] ……	m³	2.27	扫二维码查看详细计算步骤

问题思考—1. 通风空调工程中软连接用在什么地方？计算过程如何？

　　　　　2. 绝热工程计算中需注意哪些环节？

答疑解惑—1. 软连接属于风管部件，在设备与通风管道连接处都要安装一个软连接，规格与连接的风管规格相同，长度在 200~300 mm 之间，计算工程量时，不同规格需分别计算，各自计算完成后再汇总，如图 3.2.8 所示，一台新风机组有两个软连接，规格分别

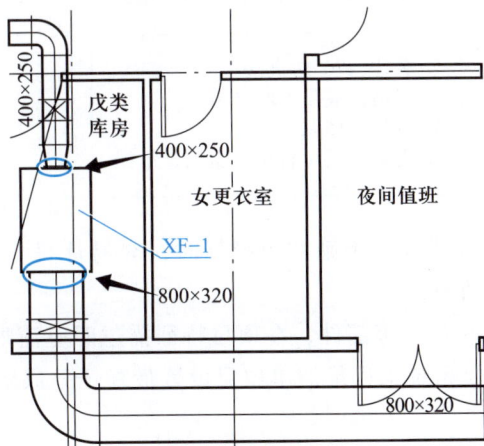

图 3.2.8　软连接示意图

为800×320和400×250。

2. 绝热工程在通风空调系统中计算时需注意：

（1）按规格不同利用公式分别进行计算，计算完成后需进行汇总，整个项目只需一个工程量数据。

（2）风管长度取定时，需扣减掉软连接长度，阀门所占长度不用扣除。

（3）保温层厚度需换算成"m"再套用公式。

案例2：完成新风系统清单设置

任务描述：本案例为某汽车行通风空调工程。其新风系统清单设置，需依据上述所给设计文件和《通用安装工程工程量计算规范》中相关规定进行编制。

任务布置：根据上述新风系统工程量计算结果，请完成新风系统清单项目设置，并形成工程量清单列表。

清单项目设置要点：新风系统的清单项目设置过程同前，这里同学们根据前面两个情境的学习自行操作，需要注意以下几点：

（1）清单项目设置的关键是"项目特征描述"和"清单量的准确性"。

（2）项目特征描述要全面、详尽、准确。否则会影响综合单价组价，后续双方结算时会产生争议。70°防火阀项目特征描述见表3.2.10。

表3.2.10   70°防火阀项目特征描述

项目名称		项目特征描述	综合单价组价内容
70°防火阀	第①种描述	1. 名称：70°防火阀 2. 规格：成品800×320	防火阀安装
	第②种描述	1. 名称：70°防火阀 2. 规格：成品800×320 3. 质量：15 kg	1. 防火阀制作 2. 防火阀安装
	第③种描述	1. 名称：70°防火阀 2. 规格：成品800×320 3. 支架形式、材质：型钢，吊架	1. 防火阀安装 2. 防火阀支架制作安装
	第④种描述	1. 名称：70°防火阀 2. 规格：成品800×320 3. 质量：15 kg 4. 支架形式、材质：型钢，吊架	1. 防火阀制作 2. 防火阀安装 3. 防火阀支架制作安装

（3）要重视清单量的准确性。否则在招投标时，容易让投标人在报价时钻空子，会故意提高或降低综合单价的报价。

（4）对于本案例阀门和风口等部件，在项目特征描述时应清晰描述其是否为成品。

成果展示：本案例新风系统工程量清单项目设置最终任务成果见表3.2.11。

表 3.2.11 分部分项工程量清单表

工程名称：某汽车行通风空调工程-新风系统　　　　　　　　　　第 1 页　共 1 页

序号	项目编码	项目名称	项目特征描述	计量单位	工程量
1	030701003001	空调器	1. 名称：空调处理机组 2. 型号：LWHA020 3. 安装形式：水平吊顶式 4. 质量：2 000 kg 5. 支架形式、材质：型钢，吊架	台	1
2	030702001001	碳钢通风管道	1. 名称：镀锌薄钢板风管 2. 形状：矩形 3. 规格：800×320 4. 板材厚度：0.75 mm 5. 管件、法兰等附件及支架设计要求：按设计规定 6. 接口形式：法兰连接	m²	18.81
3	030702001002	碳钢通风管道	…… 3. 规格：400×250 ……	m²	11.77
4	030702001003	碳钢通风管道	…… 3. 规格：400×160 ……	m²	3.42
5	030702001004	碳钢通风管道	…… 3. 规格：320×160 ……	m²	3.21
6	030702001005	碳钢通风管道	…… 3. 规格：250×160 ……	m²	4.43
7	030702001006	碳钢通风管道	…… 3. 规格：200×160 ……	m²	9.46
8	030702001007	碳钢通风管道	…… 3. 规格：160×160 ……	m²	5.30
9	030702001008	碳钢通风管道	…… 3. 规格：160×120 ……	m²	9.56
10	030702001009	碳钢通风管道	…… 3. 规格：120×120 ……	m²	12.59
11	030703001001	碳钢阀门	1. 名称：电动密闭保温阀 2. 规格：成品 800×320	个	1
12	030703001002	碳钢阀门	1. 名称：70°防火阀 2. 规格：成品 800×320	个	1
13	030703001003	碳钢阀门	1. 名称：70°防火阀 2. 规格：成品 400×250	个	1
14	030703001004	碳钢阀门	1. 名称：恒风量调节器 2. 规格：成品 160×160	个	1

续表

序号	项目编码	项目名称	项目特征描述	计量单位	工程量
15	030703001005	碳钢阀门	1. 名称：恒风量调节器 2. 规格：成品 160×120	个	2
16	030703001006	碳钢阀门	1. 名称：恒风量调节器 2. 规格：成品 120×120	个	11
17	030703007001	碳钢风口	1. 名称：防雨百叶 2. 规格：成品 800×320	个	1
18	030703007002	碳钢风口	1. 名称：单层百叶风口 2. 规格：成品 160×120	个	2
19	030703007003	碳钢风口	1. 名称：单层百叶风口 2. 规格：成品 120×120	个	14
20	030703019001	柔性接口	1. 名称；软连接 2. 材质：硅玻金复合不燃软风管	m^2	0.71
21	031002002001	设备支架	1. 材质：型钢 2. 形式：详见图标 08K132	kg	50
22	031201003001 （见表 M.1）	金属结构刷油	1. 除锈级别：轻锈 2. 油漆品种：防锈漆，色漆 3. 涂刷遍数、漆膜厚度：各两遍	kg	404.66
23	031208003001	通风管道绝热	1. 绝热材料品种：闭泡橡塑保温板材 2. 绝热厚度：25 mm	m^3	2.27
24	030704001001	通风工程检测、调试	风管工程量：78.55 m^2	系统	1

❖ 每课寄语

空调工程中风系统算量涉及面广，步骤较复杂，容易出现错误导致后续造价偏差，所以要学会利用工程思维把复杂的问题简单化，用简单的方法解决问题。明代冯梦龙所著《智囊》中写道：唯则通简，冰消日皎。即只要把复杂事情化简，问题就会像太阳一出，冰雪融化一样解决了。

将本身任务分解量化，将问题简化或分解，在实践中就是智慧的做法。1984 年，在东京国际马拉松邀请赛中，名不见经传的日本选手山田本一出人意外地夺得了世界冠军。两年后，意大利国际马拉松邀请赛在意大利北部城市米兰举行，山田本一又获得了世界冠军。

山田本一性格木讷，不善言谈，每次回答取胜原因都是：用智慧取胜。他在自传中这么说：每次比赛时，我都要乘车把比赛的线路仔细地看一遍，并把沿途比较醒目的标志画下来，比如第一个标志是银行；第二个标志是一棵大树；第三个标志是一座红房子……这样一直画到赛程的终点。

这样一个看似不可完成的任务，把它分解量化，有目标、有计划、有步骤地一步步就实现了。所以，这带给我们的启示是：聚集目标，运用系统化思维解决问题，不断测试、检验与调整，有所取舍，不断创新。作为工程人我们应拥有工程思维，每一天都走在创造未来的路上。

［训后拓展］

3.2.5　实操训练

1. 任务描述

本案例为某汽车行通风空调工程，按照 2019 版黑龙江省建设工程计价依据《通用安装工程消耗量定额》中的工程量计算规则，以及设计文件中的工程内容、设计说明及定额解释等执行任务。

2. 任务要求

根据上述项目所给的条件，分别完成以下 3 个实操训练任务：

（1）依据施工图样完成本项目风机盘管送风、排风系统计量，并将任务成果填写在表 3.2.12 中。

（2）根据上述（1）计算出的工程量，完成本项目风机盘管送风、排风系统清单项目设置，并将任务成果填写在表 3.2.13 中。

（3）利用 BIM 安装算量软件对风机盘管送风、排风系统建模，并截图汇报。

图纸

某汽车行通风空调工程

任务3.2

实操训练答案

表 3.2.12　工程量计算表

工程名称：　　　　　　　　　　　　　　　　　　　　　　　　　　　第　页　共　页

序号	项目名称	计算式	计量单位	工程量

序号	项目名称	计算式	计量单位	工程量

班级：   姓名：   日期：   审阅：   成绩：

表 3.2.13　分部分项工程量清单表

工程名称：

序号	项目编码	项目名称	项目特征描述	计量单位	工程量

班级：　　　　姓名：　　　　日期：　　　　审阅：　　　　成绩：

任务 3.3   空调水系统计量与清单

■ 学习目标

1. 掌握空调水系统管道及附属项计量规则。
2. 正确设置空调水系统工程量清单项目。
3. 提升 X 技能，利用 BIM 安装计量软件对水系统进行建模。

■ 素质目标

1. 培养学生认真严谨的工作态度。
2. 培养学生良好的信息素养，获取有效信息的能力。

■ 学习要点

1. 结合大样图，对空调水系统进行计量，不丢项，不漏量。
2. 掌握水系统手算方法、计算步骤及计算公式。
3. 项目特征描述要详尽、全面。
4. 对接 X 技能：工程数字造价，提升 BIM 算量能力。

[训前导学]

3.3.1   空调水系统计量规则及清单设置

1. 空调水系统计量规则

空调水系统计量规则与任务 2.3~任务 2.5 中相应规则相同，这里不再赘述。

2. 空调水系统工程量清单设置

空调水系统工程量清单设置同样参照任务 2.3~任务 2.5 中计量规范规定执行。其中，空调水工程系统调试执行《通用安装工程工程量计算规范》中相关规定，相关的清单项目见表 3.3.1。

表 3.3.1   采暖、空调水工程系统调试（编码：031009）

项目编码	项目名称	项目特征	计量单位	工程量计算规则	工作内容
031009002	空调水工程系统调试	1. 系统形式 2. 空调水管道工程量	系统	按空调水工程系统计算	系统调试

3.3.2   空调水系统 BIM 算量模型建立

进入广联达 BIM 安装算量软件，在左侧导航栏处找到通风空调下的空调水管、水管部件等的指引项，在"构件列表"中建立各种通风空调工程中水系统分项，利用"设备提量"或"识别空调水管"等功能建立模型。

空调水系统
BIM 建模实操

[训中探析]

3.3.3 梳理思路

1. 问题思考

思考1：本案例冷热源是分开设计还是合二为一？如何得出？

思考2：本案例是新风加风机盘管送风设计，新风机组的作用是什么？风机盘管的作用是什么？各设备水系统分别接几根管？具体是什么管？

思考3：本案例水系统中热水供水管路、热水回水管路、冷水供水管路、冷水回水管路、冷凝水管路各是什么材质？计量时是否需要分开？

思考4：空调水系统中，哪些管路需要绝热？保温层在不同的管路中的作用是什么？

思考5：在安装工程中需要系统调试的有哪些系统？本案例是否需要调试？

图纸

某汽车行通风空调工程

2. 重难点解决

[例1] 本案例空调冷热水进、出户管段在计算时如何界定？计算长度为多少？

[解] 空调冷热水进、出户管与室外管道界限界定与室内供暖工程相同，即如果有进、出户管上设阀门，以阀门为界；若没设阀门，则以建筑物外墙皮1.50 m为界。

如图3.3.1所示，蓝色线框中线段为进、出户管，从外墙皮算起，到室外 $L = 1.50$ m 算室内空调水管道工程部分。

[例2] 本案例在平面图中没有画出管道部件，该如何确定？

[解] 需要到设备大样图中确定，如图3.3.2所示。数量计算见表3.3.2、表3.3.3。

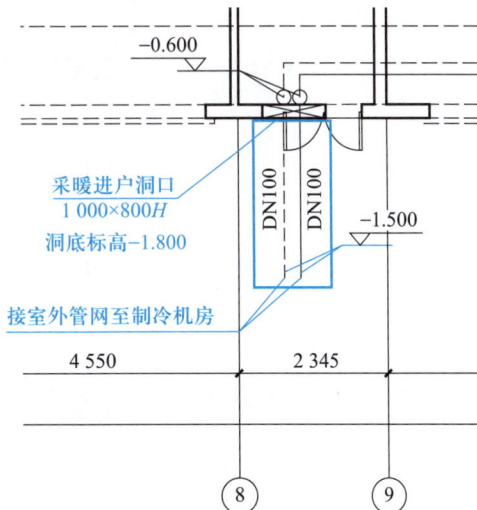

图 3.3.1 空调冷热水进、出户管示意图

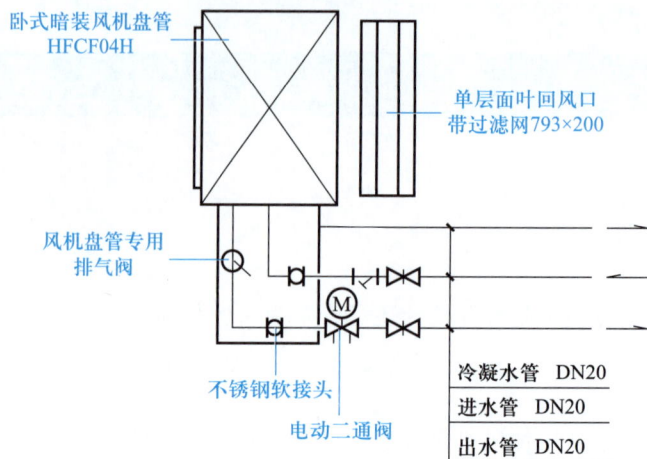

图 3.3.2　风机盘管大样图

表 3.3.2　每台风机盘管水管路部件数量表

序号	部件名称及规格	单位	工程数量
1	专用排气阀 DN20	个	1
2	不锈钢软接头 DN20	个	2
3	电动二通阀 DN20	个	1
4	Y 型过滤器 DN20	个	1
5	铜球阀 DN20	个	2

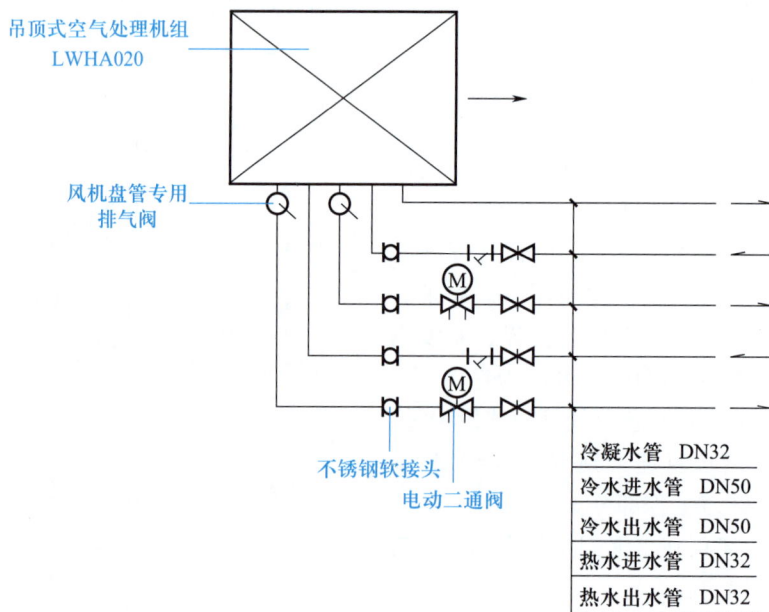

图 3.3.3　新风机组大样图

表 3.3.3 每台新风机组水管路部件数量表

序号	部件名称及规格	单位	工程数量
1	专用排气阀 DN50	个	1
2	专用排气阀 DN32	个	1
3	不锈钢软接头 DN50	个	2
4	不锈钢软接头 DN32	个	2
5	电动二通阀 DN50	个	1
6	电动二通阀 DN32	个	1
7	Y 型过滤器 DN50	个	1
8	Y 型过滤器 DN32	个	1
9	铜球阀 DN50	个	2
10	铜球阀 DN32	个	2

［例 3］本案例新风机组、风机盘管上进、出水管及冷凝水管在与其干管连接时有一小段短立管，该如何确定其标高？

［解］首先在设备上确定进、出水管及冷凝水管位置，如图 3.3.4 和图 3.3.5 所示。

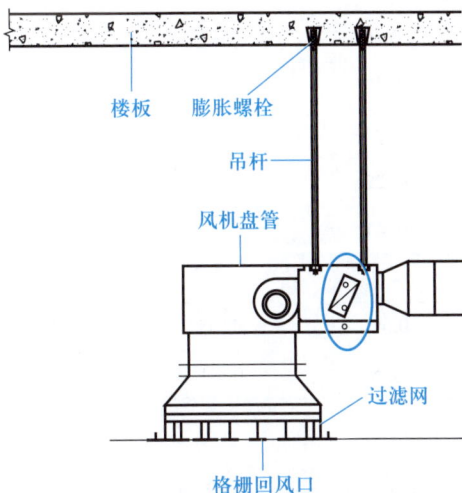

图 3.3.4 风机盘管接口示意图

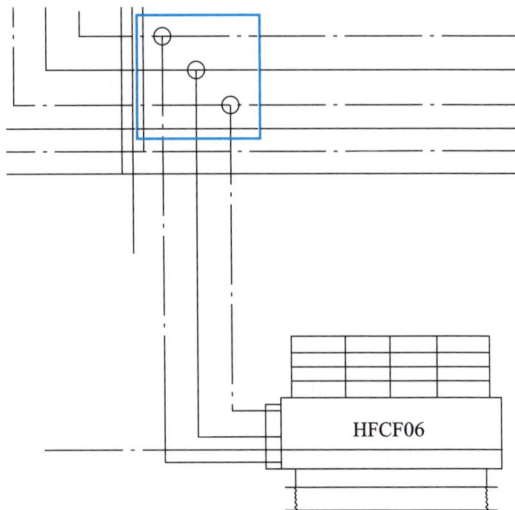

图 3.3.5 新风机组接口示意图

根据图 3.3.4 和图 3.3.5，可以清楚看到管道在设备上的接口位置，以及在平面图中干管上的位置，从上到下依次为：空调回水管、空调供水管和冷凝水管；由于本案例的干管标高在图中有标注，为 3.0 m，可根据干管标高确定设备端进、出水管接口标高，依次为：空调回水管 3.4 m，空调供水管 3.3 m，冷凝水管 3.4 m；因此，短立管长度分别为：

$$L_{空调回水} = 3.4\ m - 3.0\ m = 0.4\ m$$

$$L_{空调供水} = 3.3\ m - 3.0\ m = 0.3\ m$$

$$L_{空调冷凝水} = 3.2\ \text{m} - 3.0\ \text{m} = 0.2\ \text{m}$$

［例4］本案例空调水管道支架的工程量如何计算？

［解］本案例的空调水管道支架的工程量计算可以通过两个途径：一是公式计算法（参照任务2.4）；二是指标法。

（1）公式计算法

第一步　根据表3.1.1计算支架个数

第二步　计算个重

第三步　计算总重

（2）指标计算法

由表3.3.4可查得不同系统工程、不同材质、不同规格、是否保温等条件下的管道支架用量指标。例如，空调水管DN20，保温，支架用量为0.47 kg/m。

本案例 $L_{DN20总} = 179.19\ \text{m}$；$G_{DN20} = 179.19\ \text{m} \times 0.47\ \text{kg/m} = 84.22\ \text{kg}$。

表3.3.4　室内钢管、铸铁管道支架用量参考表

序号	公称直径/mm 以内	钢管			铸铁管	
		给水、采暖、空调水		燃气	给水、排水	雨水
		保温	不保温			
1	15	0.58	0.34	0.34	—	—
2	20	0.47	0.3	0.3	—	—
3	25	0.5	0.27	0.27	—	—
4	32	0.53	0.24	0.24	—	—
5	40	0.47	0.22	0.22	—	—
6	50	0.6	0.41	0.41	0.47	—
7	65	0.59	0.42	0.42	—	—
8	80	0.62	0.45	0.45	0.65	0.32
9	100	0.75	0.54	0.5	0.81	0.62

［例5］空调水系统如何调试？

［解］根据2019版黑龙江省建设工程计价依据《通用安装工程消耗量定额》第十册《给排水、采暖、燃气工程》相关条款规定：空调水系统调整费按空调水系统工程（含冷凝水管）人工费的10%计算，其费用中人工费占35%。

［例6］本案例管道水压试验、水冲洗以及消毒冲洗是否需要单独列项？若不需要，如何处理？

［解］不需要单独列项。只需在管道清单设置时，在管道"项目特征描述"中描述。

由于本案例涉及焊接钢管和镀锌钢管，所以，焊接钢管描述中要包含水压试验、水冲洗，镀锌钢管描述中要包含消毒冲洗，如表3.3.5所示。

表 3.3.5　钢管和镀锌钢管

031001002003 钢管	031001001001 镀锌钢管
1. 名称：焊接钢管 2. 规格、压力等级：DN50 3. 连接形式：焊接 4. 压力试验及吹、洗设计要求：按设计规定要求	1. 规格、压力等级：DN50 2. 连接形式：丝扣 3. 压力试验及吹、洗设计要求：按设计要求消毒冲洗

[例7]　在清单项目描述时，如果遇到无法用文字描述的情况时，如何处理？

[解]《通用安装工程工程量计算规范》中有关条文说明如下：

工程量清单的项目特征是确定一个清单项目综合单价不可缺少的重要依据，在编制工程量清单时，必须对项目特征进行准确和全面的描述。但有些项目特征用文字往往难以准确和全面地描述清楚。因此，为达到规范、简洁、准确、全面描述项目特征的要求，在描述工程量清单项目特征时应按以下原则进行：

（1）项目特征描述的内容应按附录中的规定，结合拟建工程的实际，能满足确定综合单价的需要。

（2）若采用标准图集或施工图纸能够全部或部分满足项目特征描述的要求，项目特征描述可直接采用详见××图集或××图号的方式；对不能满足项目特征描述要求的部分，仍应用文字描述。

例如，管道支架清单项目如表 3.3.6 所示。

表 3.3.6　管 道 支 架

项目编码	项目名称	项目特征描述	计量单位	工程量
031002001001	管道支架	1. 材质：型钢 2. 管架形式：参见国家现行标准图集（05R417-1）	kg	312.376

❖ **每课寄语**

自主性是人作为主体的根本属性，要成就出彩人生，发展成为有明确人生方向、有生活品质的人。正确认识和理解学习的价值，能自主学习，具有终身学习的意识和能力。能够根据不同情境和自身实际，选择或调整学习策略和方法。建立信息意识，能自觉、有效地获取、评估、鉴别、使用信息；具有数字化生存能力，主动适应"互联网+"等社会信息化发展趋势。

珍爱生命，理解生命的意义和人生的价值；具有安全意识与自我保护能力；掌握适合自身的运动方法和技能，养成健康文明的生活习惯。具有积极的心理品质，自信自爱，坚韧乐观；有自制力，能调节和管理自己的情绪，具有抗挫折能力。

［训后拓展］

3.3.4　实操训练

1. 任务描述

本案例为某汽车行通风空调工程，应按照 2019 版黑龙江省建设工程计价依据《通用安装工程消耗量定额》中的工程量计算规则，以及设计文件中的工程内容、设计说明及定额解释等执行任务。

2. 任务要求

根据上述项目所给的条件，分别完成以下 3 个实操训练任务：

（1）依据施工图样完成该项目空调水系统计量，并将任务成果填写在表 3.3.7 中。

（2）根据上述（1）计算出的工程量，完成该项目空调水系统清单项目设置，并将任务成果填写在表 3.3.8 中。

（3）利用 BIM 安装算量软件对空调水系统建模，并截图汇报。

某汽车行通风空调工程

任务3.3

实操训练答案

表 3.3.7　工程量计算表

工程名称：　　　　　　　　　　　　　　　　　　　　　　　第　页　共　页

序号	项目名称	计算式	计量单位	工程量

续表

序号	项目名称	计算式	计量单位	工程量

班级： 姓名： 日期： 审阅： 成绩：

表 3.3.8   分部分项工程量清单表

工程名称：   第　页　共　页

序号	项目编码	项目名称	项目特征描述	计量单位	工程量

班级：   姓名：   日期：   审阅：   成绩：

任务 3.4　通风空调工程工程结算

■ 学习目标

1. 掌握工程结算的相关概念。
2. 熟悉竣工结算的编制依据和原则。
3. 掌握竣工结算支付的相关规定。
4. 具备编制竣工结算的能力。

■ 素质目标

1. 具有高尚的职业道德，做到诚实守信。
2. 培养科学分析问题，解决问题的能力。

■ 学习要点

1. 熟悉合同约定条款，会运用合同条款结算。
2. 注重过程证据的留存、真实、有效。
3. 涉及设计变更、签证、索赔等费用的处理。
4. 掌握工程价格变动时价格的再次确认依据。
5. 竣工结算是难点，要提升自身结算能力。

[训前导学]

3.4.1　工程结算相关概念

1. 工程结算概念

发、承包双方根据国家有关法律、法规规定和合同约定，对合同工程在实施中、终止时、已完工后进行合同价款计算、调整和确认，称为工程结算。工程结算有施工过程结算、竣工结算等形式，工程定期结算、工程分段结算、工程年终结算等属于施工过程结算。

2. 工程竣工结算

发、承包双方依据国家有关法律、法规和标准规定，按照合同约定的，包括在履行合同过程中按合同约定进行的工程变更、索赔、价款调整和确认，称为工程竣工结算。工程完工后，发、承包双方必须在合同约定时间内办理工程竣工结算。此项工作由承包人完成，向发包人申请确认。工程竣工结算分为建设项目竣工总结算、单项工程竣工结算和单位工程竣工结算。

3. 施工索赔

在工程合同履行过程中，合同当事人一方因非己方的原因而遭受损失，按合同约定或法规规定应由对方承担责任，从而向对方提出补偿的要求称为施工索赔。按索赔目的划分，工程索赔可分为工期索赔和费用索赔。

4. 现场签证

发包人现场代表与承包人现场代表就施工过程中涉及的责任事件所作的签认证明称为现场签证。

3.4.2　工程竣工结算编制

1. 编制依据

（1）建设工程工程量清单计价规范。

（2）建设工程合同。

（3）合同主体双方在工程实施过程中已确认的工程量及其结算的合同价款，以及已确认调整后追加（减）的合同价款。

（4）建设工程设计文件及相关资料。

（5）投标文件。

（6）其他相关资料。

2. 计价原则

在工程量清单计价模式下，工程竣工结算的编制应遵循以下计价原则：

（1）根据合同主体双方已确认的工程量与已标价工程量清单综合单价计算分部分项工程费用和单价措施项目费用，若发生调整的，应以双方确认过的调整后综合单价计算。

（2）依据合同主体双方已确认的已标价工程量清单的项目和金额计算总价措施项目费用；若发生调整的，应以双方确认过的调整后金额计算。

（3）其他项目计价按下列规定执行：

① 专业暂估价应按《计价规范》规定计算。

② 计日工应按发包人实际签证确认的项目计算。

③ 总承包服务费应按已标价工程量清单金额计算；若发生调整，应以双方确认调整后的金额计算。

④ 现场签证费用应根据现场签证单里双方确认的金额计算。

⑤ 索赔费用应根据双方确认的索赔事项和金额计算。

⑥ 暂列金额只计算合同价款调整金额（包括索赔、现场签证），其余归还发包人。

（4）规费和税金应按国家或省级、行业建设主管部门的规定计算。

3.4.3　竣工结算款支付

经发、承包双方签字确认的工程竣工结算文件，应作为工程结算的依据。发包方应按照竣工结算文件及时支付竣工结算款。

1. 承包人提交竣工结算款申请

承包人应根据办理的竣工结算文件向发包人提交竣工结算款支付申请。申请应包括：

（1）竣工结算合同价款总额。

（2）累计已实际支付的合同价款。

（3）应预留的质量保证金。

（4）实际应支付的竣工结算款金额。

2. 发包人签发竣工结算支付证书

发包人应在收到承包人提交竣工结算款支付申请后约定期限内予以核实，向承包人签发竣工结算支付证书。

3. 支付竣工结算款

发包人签发竣工结算支付证书后的约定期限内，应按照竣工结算支付证书列明的金额向承包人支付结算款。

发包人在收到承包人提交的竣工结算款支付申请后的约定期限内不予核实，不向承包人签发竣工结算支付证书的，应视为承包人的竣工结算支付申请已被发包人认可；发包人应在收到承包人提交的竣工结算款支付申请约定期限内，按照承包人提交的竣工结算款支付申请列明的金额向承包人支付结算款。

发包人未按规定支付竣工结算款的，承包人可催告发包人支付，并有权获得延迟支付利息。发包人在竣工结算支付证书签发后或者在收到承包人提交的竣工结算款支付申请约定时间内仍未支付的，除法律另有规定外，承包人可与发包人协商将该工程折价，也可直接向人民法院申请将该工程依法拍卖。承包人应就该工程折价或拍卖的价款优先受偿。

3.4.4　质量保证金

建设工程质量保证金是指发包人与承包人在建设工程承包合同中约定，从应付的工程款中预留，用于承包人履行属于自身责任的工程缺陷修复义务而预留的维修资金。

工程缺陷是指建设工程质量不符合工程建设强制标准、设计文件，以及工程承包合同约定。

缺陷责任期是承包人对已交付使用的合同工程承担合同约定缺陷修复责任的期限，由发、承包双方在合同中约定。

《建设工程质量保证金管理办法》（建质〔2017〕138号）规定：发包人应按照合同约定的质量保证金比例从结算款中预留质量保证金。

在合同约定的缺陷责任期终止后，且承包人履行完合同约定的缺陷修复责任后，承包人向发包人申请返还保证金，发包人应按规定，将剩余质量保证金返还给承包人。

［训中探析］

3.4.5　案例分析

案例：完成通风空调工程-风系统竣工结算

本部分以竣工结算核定为案例进行解析学习，案例分析如下：

施工前背景： 该招标工程为某汽车行通风空调工程。工程中标后，发、承包双方按程序签订正式的建设工程施工合同。其中，合同额中风系统为222 798.26元（含暂列金额、甲供材），项目中所有设备由发包人供应，具体情况如下：

（1）招标文件中该项目的暂列金额为20 000元。

（2）合同专用条款中，对发包人供应材料与设备、变更、合同价款约定、工程进度款支付、质量保证金的相关规定见表3.4.1。

表 3.4.1　合同专用条款相关约定

发包人供应材料与设备	5　工程材料与设备 5.1　发包人供应材料与设备 发包人供应材料设备的结算方法为发包人供应的材料必须有出厂合格证及发票，负责对材料检测、试验，并提供材质化验单，承包人按发包人供应材料的价格列入工程，并依照有关规定计取税费及相应费用
变更	9　变更 9.1　变更的范围 9.2　提请变更的主体 9.3　变更程序 9.4　变更引起的价格调整 当事人对于因变更引起的价格调整，按照以下方式处理按"通用条款"9.4（1）（2）（3）内容执行，变更部分产生的费用只计取税金 9.5　变更引起的工期调整
合同价款约定	10　计量与支付 10.1　工程价款的约定 本合同当事人对于工程价款的约定，选用下列第（2）种方式： （1）固定总价。 （2）固定单价。选用此种方式时， 综合单价包含的风险范围为机械风险系数为3%，材料风险系数为5%； 风险费用的计算方法为机械风险费按相应施工机械台班费3%计取，材料风险按相应材料风险费的5%读取； 在约定的风险范围内综合单价不再调整，风险范围以外的综合单价调整方法为按国家或省、市建设行政管理部门，行业建设管理部门或其授权的工程造价管理机构发布的文件调整
工程进度付款	10.5　工程进度付款 当事人采用以下第（2）种方式作为付款周期，村款周期应与计量周期相一致。 （1）按月进度进行支付。 （2）按形象进度支付。 （3）按其他方式支付。 发包人不按期支付工程进度款的，应支付逾期付款违约金的比例或者数额为工程拖欠期额度的2%
质量保证金	10.6　质量保证金 发包人和承包人约定预留质量保证金比例为工程价款结算总额的5%，并同意选择第（2）种方式预留质量保证金。 （1）在支付工程进度款时逐次预留，每次预留的比例或金额为无。 （2）工程竣工结算时一次性预留保证金。预留的比例或金额为工程价款结算总额的5%

施工过程背景：该项目在实际施工过程中发生如下变化：

（1）现场签证：由于本项目送、排风系统部分风管实际安装标高与设计图纸标高不相符，按原设计过墙预留洞无法通过，需要重新开洞安装风管。开洞、修补用工如下（见签证单，如图3.4.1所示）：

　　开洞规格300×300，2个　⎫
　　开洞规格500×400，4个　⎬凿洞用工1个/洞，垃圾清理0.2个/洞，修补洞口2个/洞
用工按150元/工日计算。

经 济 签 证

排风洞口 4

工程名称　　××工程(空调通风专业)	时　间　××年10月3号
1. 开洞规格300*300 2个 (1) 人工凿除孔洞用工1个/洞(含墙体两面脚手架的组装和拆除、两边墙面的切割、人工手锤的凿除) (2) 凿除孔洞垃圾清理用工 0.2个/洞 (3) 风管安装完后孔洞的修补用工2个/洞(含墙体两面脚手架的组装和拆除) (4) 凿除孔洞垃圾的外运 2. 开洞规格500*400 4个 (1) 人工凿除孔洞用工1个/洞(含墙体两面脚手架的组装和拆除、两边墙面的切割、人工手锤的凿除) (2) 凿除孔洞垃圾清理用工 0.2个/洞 (3) 风管安装完后孔洞的修补用工2个/洞(含墙体两面脚手架的组装和拆除) (4) 凿除孔洞垃圾的外运	金　额
建设单位　×××有限公司 　　监理单位　×××有限公司	经办人　×××

图 3.4.1　现场签证单

（2）工程进度款支付：施工过程中根据合同约定，按形象进度支付进度款，已知至工程竣工为止已支付 54 539.32 元。

任务布置：根据上述背景描述，依托提供的施工图样及表 3.2.3、表 3.2.5，按照竣工结算计算办法针对汽车行通风空调工程中风系统工程，计算发包人实际应支付给承包人的竣工结算价款金额，并将计价软件计算表格输出。

竣工结算价款计算：本项目竣工结算价款计算时，分两部分：竣工后遵照合同约定实际完成部分结算（合同内价款结算）和变更部分结算，两者汇总后即为竣工结算价款。

（1）该项目施工合同按照中标价款额签订的合同价，在投标报价时，响应了招标文件的实质性内容，参照 2019 版黑龙江省建设工程计价依据《建筑安装费用定额》中所给的建筑安装工程费用标准执行，安全文明施工费费率、其他措施项目费费率、规费费率按表 1.6.4、表 1.6.5 和表 1.6.11 中的规定计取，企业管理费费率和利率取上限，材料风险费费率取 5%，机具风险费费率取 3%，税金费率取 9%；人工费按工程所在地年终结算文件调整，普工调至 100 元/工日，技工调至 140 元/工日。

在计算竣工结算价款时按照合同价计算方法核定，但与合同价不同的是，在做竣工结算价款时不列暂列金额，而是按实际发生核定，剩余部分归甲方所有。

单位工程竣工结算（合同内）汇总表见表 3.4.2（详细过程扫二维码）。

表 3.4.2　单位工程竣工结算（合同内）汇总表

工程名称：某汽车行通风空调工程-风系统　　　　　标段：　　　　　第 1 页　共 1 页

序号	汇总内容	金额/元	其中：暂估价/元
（一）	分部分项工程费	171 479.68	
（二）	措施项目费	3 251.79	
（1）	单价措施项目费	1 409.53	
2.1.2	脚手架搭拆费	1 409.53	
（2）	总价措施项目费	1 842.26	
①	安全文明施工费	1 710.64	
②	其他措施项目费	131.62	
③	专业工程措施项目费		
（三）	其他项目费	3 166.20	
（3）	暂列金额		
（4）	专业工程暂估价		
（5）	计日工		
（6）	总承包服务费		
（7）	甲供材管理费	3 166.20	
（四）	规费	8 156.78	
（1）	社会保险费	623.97	
①	养老保险费	4 264.98	
②	医疗保险费	1 999.21	
③	失业保险费	133.28	
④	工伤保险费	266.56	
⑤	生育保险费	159.94	
（2）	住房公积金	1 332.81	
（3）	环境保护税		
（五）	甲供设备费	105 540.00	
（六）	税金	7 246.21	
合计=（一）+（二）+（三）+（四）+（六）-（五）		87 759.66	

（2）变更部分费用

① 由现场签证单可知有 6 处新开洞口，用工总费用计算如下：

每个洞口用工量=1 工日+0.2 工日+2 工日=3.2 工日

总用工量=3.2 工日×6=19.2 工日

用工总费用=19.2 工日×150 元/工日=2 880 元

② 由表 3.4.1 合同条款约定，变更部分费用只计取税金，即：

税金=2 880 元×9%=259.2 元

因此，变更部分费用=2 880 元+259.2 元=3 139.2 元

（3）将上述（1）和（2）部分费用汇总得：

竣工结算价款=87 759.66 元+3 139.2 元=90 898.86 元

实际应支付竣工结算价款：承包人在竣工结算文件办理完后，应向发包人提交竣工结算款支付申请，在约定的时间内发包人实际应向承包人支付的结算款计算见表3.4.3。

表 3.4.3　实际应支付竣工结算款金额计算表

工程名称：某汽车行通风空调工程-风系统　　　　标段：　　　　第 1 页　共 1 页

序号	项目名称	计算式	金额/元
（一）	竣工结算合同价款总额		90 898.86
（二）	累计已实际支付合同价款		54 539.32
（三）	应预留质量保证金	（一）×5%	4 544.94
（四）	实际应支付竣工结算款金额	（一）-（二）-（三）	31 814.60

注：① 承包人未按照合同约定履行自身责任的工程缺陷修复义务的，发包人有权从质量保证金中扣除用于缺陷修复的各项支出。经查验，工程缺陷属于发包人原因造成的，应由发包人承担查验和缺陷修复的费用。
② 在合同约定的缺陷责任期终止后，发包人应按照合同约定，将剩余的质量保证金返还给承包人。

❖ 每课寄语

工程结算是工程施工阶段的一项重要工作。工程结算直接关系到发包人和承包人的切身利益，它对造价从业人员的业务水平和职业道德、职业素养、责任感等综合素质有一个很高的要求，需要从业者从点滴做起，做到诚实守信，不虚假报价，遇到各种突发状况时，会用科学的方法妥善解决问题，同时要不断提升自己的社会责任感。

社会责任感重点表现为自尊自律，诚信友善，敬业奉献，具有团队意识和互助精神；能主动作为，履职尽责，对自我和他人负责；能明辨是非，具有规则与法治意识，积极履行公民义务，理性行使公民权利；能维护社会公平正义；热爱并尊重自然，具有绿色生活方式和可持续发展理念及行动。理解、接受并自觉践行社会主义核心价值观，具有中国特色社会主义共同理想，有为实现中华民族伟大复兴中国梦而不懈奋斗的信念和行动。

社会性是人的本质属性，现代公民必须遵守和履行道德准则和行为规范，增强社会责任感，提升创新精神和实践能力，促进个人价值实现，推动社会发展进步，发展成为有理想信念、敢于担当的人。

［训后拓展］

3.4.6　实操训练

1. 任务描述

该项目为某汽车行通风空调工程，以其中的水系统工程为例，已知：

① 合同额中水系统为 90 503.51 元（含甲供材），甲供材相关费用计算执行表 3.4.1 中合同条款约定。

② 水系统工程进度款支付遵照合同约定（见表 3.4.1），至工程竣工为止已支付

🔲 图纸

某汽车行通风空调工程

37 968.28 元。

③ 在此基础上参照 2019 版黑龙江省建设工程计价依据《建筑安装费用定额》中所给的建筑安装工程费用标准执行，安全文明施工费费率、其他措施项目费费率、规费费率分别按表 1.6.4、表 1.6.5 和表 1.6.11 中的规定计取，企业管理费费率和利润率取上限，材料风险费费率取 5%，机具风险费费率取 3%，税金费率取 9%。

④ 人工费按工程所在地的年终结算文件调整，普工调至 100 元/工日，技工调至 140 元/工日。

⑤ 水系统部分无变更、无索赔。

⑥ 质量保证金按合同约定（见表 3.4.1）预留工程价款结算总额的 5%。

2. 任务要求

根据上述项目所给的条件，利用计价软件分别完成以下 2 个实操任务，并将任务成果填入下列表格中。

（1）单位工程竣工结算（合同内）汇总表如表 3.4.4 所示。

表 3.4.4   单位工程竣工结算（合同内）汇总表

工程名称：　　　　　　　　　　标段：　　　　　　　　　　　　　　第　页　共　页

序号	汇总内容	金额/元	其中：暂估价/元
（一）	分部分项工程费		
（二）	措施项目费		
（1）	单价措施项目费		
2.1.2	脚手架搭拆费		
（2）	总价措施项目费		
①	安全文明施工费		
②	其他措施项目费		
③	专业工程措施项目费		
（三）	其他项目费		
（3）	暂列金额		
（4）	专业工程暂估价		
（5）	计日工		
（6）	总承包服务费		
（7）	甲供材管理费		
（四）	规费		
（1）	社会保险费		
①	养老保险费		
②	医疗保险费		

任务3.4
实操训练答案

续表

序号	汇总内容	金额/元	其中：暂估价/元
③	失业保险费		
④	工伤保险费		
⑤	生育保险费		
（2）	住房公积金		
（3）	环境保护税		
（五）	甲供主材费		
（六）	税金		

合计=（一）+（二）+（三）+（四）+（六）-（五）

班级：　　　　姓名：　　　　日期：　　　　审阅：　　　　成绩：

（2）实际应支付竣工结算款金额计算表，如表3.4.5所示。

表 3.4.5　实际应支付竣工结算款金额计算表

工程名称：　　　　　　　　　标段：　　　　　　　　第　页　共　页

序号	项目名称	计算式	金额/元
（一）	竣工结算合同价款总额		
（二）	累计已实际支付合同价款		
（三）	应预留质量保证金		
（四）	实际应支付竣工结算款金额		

班级：　　　　姓名：　　　　日期：　　　　审阅：　　　　成绩：

参考文献

［1］ 石焱，刘仁涛，王兆霞，等．安装工程计量与计价［M］．北京：化学工业出版社，2020．

［2］ 李若冰，陆媛，闫峰，等．建设工程计量与计价实务（安装工程）［M］．哈尔滨：哈尔滨工业大学出版社，2022．

［3］ 刘伊生，李成栋，齐宝库，等．建设工程造价管理基础知识［M］．北京：中国计划出版社，2022．

［4］ 李海凌，卢永琴．安装工程计量与计价［M］．北京：机械工业出版社，2018．

［5］ 吴心伦．安装工程造价［M］．重庆：重庆大学出版社，2018．

［6］ 中国建设工程造价管理协会．建设工程造价管理基础知识［M］．北京：中国计划出版社，2018．

［7］ 冯钢．安装工程计量与计价［M］．北京：北京大学出版社，2018．

［8］ 马楠．工程造价管理［M］．北京：人民交通出版社，2017．

［9］ 丛培经．工程项目管理［M］．5版．北京：中国建筑工业出版社，2017．

［10］ 黑龙江省住房和城乡建设厅．关于黑龙江省建筑业营业税改征增值税调整建设工程计价依据和招投标有关事项的通知（黑建造价〔2016〕2号）

［11］ 王建东，杨国锋．建设工程施工合同表达技术与文本解读［M］．北京：法律出版社，2016．

［12］ 白建国，张奎．给水排水管道工程技术［M］．北京：中国建筑工业出版社，2016．

［13］ 刘钦．工程招投标与合同管理［M］．4版．北京：高等教育出版社，2021．

［14］ 闫玉民，许明丽．建筑水暖电安装工程计量与计价［M］．武汉：华中科技大学出版社，2015．

［15］ 广东省建设工程造价协会．建设工程计价应用与案例［M］．北京：中国城市出版社，2015．

［16］ 全国监理工程师执业资格考试试题分析小组．建设工程合同管理［M］．北京：机械工业出版社，2013．

［17］ 中华人民共和国住房和城乡建设部．通用安装工程工程量计算规范：GB 50856—2013［S］．北京：中国计划出版社，2013．

［18］ 冯钢，景巧玲．安装工程计量与计价［M］．北京：北京大学出版社，2012．

［19］ 李思齐．建设工程招投标与合同管理实务［M］．北京：航空工业出版社，2012．

［20］ 张加瑄，李艳红．工程招投标与合同管理［M］．北京：中国电力出版社，2011．

［21］ 王宇清，宋永军．集中供热工程施工［M］．哈尔滨：哈尔滨工业大学出版社，2011．

［22］ 温艳芳．安装工程计量与计价实务［M］．北京：化学工业出版社，2011．

［23］ 杨庆丰．工程项目招投标与合同管理［M］．北京：北京大学出版社．2010．

［24］ 李娟．浅谈推行电子评标和远程评标在建设工程招投标中应用的意义和作用 ［J］．
福建建筑，2010，（4）：141-143.

［25］ 刘黎虹．工程招投标与合同管理 ［M］．北京：机械工业出版社，2008.

［26］ 甘长高．浅谈国工程投标报价 ［J］．安徽建筑，2010，（2）：199-201.

郑重声明

高等教育出版社依法对本书享有专有出版权。任何未经许可的复制、销售行为均违反《中华人民共和国著作权法》，其行为人将承担相应的民事责任和行政责任；构成犯罪的，将被依法追究刑事责任。为了维护市场秩序，保护读者的合法权益，避免读者误用盗版书造成不良后果，我社将配合行政执法部门和司法机关对违法犯罪的单位和个人进行严厉打击。社会各界人士如发现上述侵权行为，希望及时举报，我社将奖励举报有功人员。

反盗版举报电话　（010）58581999　58582371
反盗版举报邮箱　dd@ hep. com. cn
通信地址　北京市西城区德外大街 4 号
　　　　　高等教育出版社知识产权与法律事务部
邮政编码　100120

读者意见反馈

为收集对教材的意见建议，进一步完善教材编写并做好服务工作，读者可将对本教材的意见建议通过如下渠道反馈至我社。

咨询电话　400-810-0598
反馈邮箱　gjdzfwb@ pub. hep. cn
通信地址　北京市朝阳区惠新东街 4 号富盛大厦 1 座
　　　　　高等教育出版社总编辑办公室
邮政编码　100029

授课教师如需获得本书配套教辅资源，请登录"高等教育出版社产品信息检索系统"（http://xuanshu. hep. com. cn/）搜索下载，首次使用本系统的用户，请先进行注册并完成教师资格认证。